21世纪全国高职高专艺术设计系列技能型规划教材

书 籍 装 帧

郭恩文 编著

北京大学出版社
PEKING UNIVERSITY PRESS

内 容 简 介

本书讲述了中国书籍装帧的历史演变和现状，总结了书籍装帧艺术的特征和属性，研究了书籍装帧艺术的形式与魅力。本书对书籍装帧艺术的历史演变、未来发展方向、专业训练、创意开发做了系统的思考和总结。本书包括书籍装帧设计概述、书籍装帧的形态结构与设计原则、书籍的开本及装订样式、书籍的封面设计与创意构思、书籍装帧的版式设计、书籍装帧的承印物与印刷工艺及概念书籍的创新设计七部分内容。

本书图文并茂，注重前瞻性，倾注了编者对书籍装帧艺术多年研究的心血，旨在提高学生的想象能力和动手能力，具有启迪和指导的作用。本书既可作为高职高专院校平面设计、广告设计等相关专业的教材，也可作为从事平面设计相关从业人员和爱好者的参考用书。

图书在版编目(CIP)数据

书籍装帧/郭恩文编著. —北京：北京大学出版社，2013.8
(21世纪全国高职高专艺术设计系列技能型规划教材)
ISBN 978-7-301-23043-5

I.① 书…　II.① 郭…　III.① 书籍装帧—高等职业教育—教材　IV.①TS881

中国版本图书馆CIP数据核字(2013)第190857号

书　　　　名：书籍装帧
著作责任者：郭恩文　编著
策　划　编　辑：孙　明
责　任　编　辑：孙　明
标　准　书　号：ISBN 978-7-301-23043-5/J・0526
出　版　发　行：北京大学出版社
地　　　　址：北京市海淀区成府路 205 号　100871
网　　　　址：http://www.pup.cn　新浪官方微博：@北京大学出版社
电　子　信　箱：pup_6@163.com
电　　　　话：邮购部 62752015　发行部 62750672　编辑部 62750667　出版部 62754962
印　刷　者：北京大学印刷厂
经　销　者：新华书店
　　　　　　　787mm×1092mm　　16开本　　10.5印张　　240千字
　　　　　　　2013年8月第1版　　2016年1月第2次印刷
定　　　　价：48.00元

前　言

作为最古老的人类文明传播载体，书籍在远古时期的人类活动中已经有所出现，它是人类文明进步的知识阶梯。随着现代化多媒体技术的不断发展，光盘、电子书籍、微博、论坛等灵活快速的网络阅读方式出现在人们的生活中，使读书似乎变得如同西洋快餐一样公式化和程序化。虽然新的阅读方式、阅读习惯不断充实着我们的生活，但是传统的纸质书籍那一份独具魅力的书香神韵是各类新型网络媒介所不能取代的。因此传统的书籍在现代快节奏的生活中仍然有着重要的文化传承地位与历史使命。

然而一本书的最终问世需要经历书籍编者撰写、出版公司策划，再到设计排版、印刷装订及发行审核等多个环节。在众多的环节中，书籍的装帧设计是一本书最为直观、最为外化的环节。书籍装帧设计师通过对书籍内容的理解、对读者喜好的调研、对书籍印刷成本的核算，最终才能设计出一本视觉美感佳、开本大小合适的书籍。

本书在编写的过程中，始终考虑根据我国教育部对高职高专人才培养的定位实际，并从本课程的职业岗位特点出发，同时结合多年的实际教学经验，以及社会实践应用案例来进行编写。本书从书籍装帧设计行业的实际产业链出发，通过书籍装帧的历史与当代发展趋势、书籍装帧的形态结构与设计原则、书籍的开本及装订样式、书籍的封面设计与创意构思、书籍装帧的版式设计、书籍装帧的承印物与印刷工艺、概念书籍的创新设计七个部分对本门课程进行模块化教学的安排设计，力求将新的教学思路，新的教学素材与广大读者进行探讨与分享。然而编写一本定位准确的教材并不是一件容易的事，特别是在当今这样一个知识与视野高速更新的时代，要把学科范围内最优秀的作品和最新的教学成果展现在世人面前并且讲解科学、合理，并非易事。

本书在浙江育英职业技术学院宋连凯老师、浙江商业职业技术学院羊力超老师，以及杭州嘉恩品牌设计公司等多位老师与同行的共同参编下，在主编郭恩文老师的细心校对与修正下顺利地完成本书的编写。我们真诚地期待本书问世以后，能够给高职高专艺术设计教育的课程带来新的教学构思，为书籍装帧这一门课程的教学改革带来一缕清风。

编者

2013年7月

基本学时：80课时。

课程思路：课程模拟行业规范制作流程，采用项目驱动导入模块教学。

章　　节	课程内容	课　时
第一章 书籍装帧设计概述	1.1　书籍装帧的基本概念	1
	1.2　书籍装帧的历史演变	2
	1.3　现代书籍装帧的发展趋势	1
	1.4　书籍的类型	1
	1.5　书籍装帧的功能	2
第二章 书籍装帧的形态结构与设计原则	2.1　书籍装帧的常态结构	3
	2.2　书籍装帧的拓展结构	2
	2.3　书籍形态选择的规范性原则	3
	2.4　书籍装帧设计的原则	3
第三章 书籍的开本及装订样式	3.1　书籍的开本	2
	3.2　确定书籍开本大小的因素	2
	3.3　书籍装订的形式	4
第四章 书籍的封面设计与创意构思	4.1　书籍封面设计的构成要素	1
	4.2　书籍封面设计的创意构思	3
	4.3　书籍封面设计的图形	5
	4.4　书籍封面设计的文字	3
	4.5　书籍封面设计的色彩	3
第五章 书籍装帧的版式设计	5.1　文字的版式编排	3
	5.2　图形的版式编排	3
	5.3　书籍版面设计的原则	2
	5.4　版式设计的基本形态	5
	5.5　版式的视觉流程	4
第六章 书籍装帧的承印物与印刷工艺	6.1　书籍装帧的承印物	1
	6.2　书籍装帧的印前准备	2
	6.3　书籍装帧的印刷流程	2
	6.4　书籍装帧的印后工艺	4
第七章 概念书籍的创新设计	7.1　概念书籍的设计	5
	7.2　概念书籍的创新形式	8

书籍装帧

SHUJI ZHUANGZHEN

目 录

第一章 书籍装帧设计概述

第二章 书籍装帧的形态结构与设计原则

第三章 书籍的开本及装订样式

第四章 书籍的封面设计与创意构思

第五章 书籍装帧的版式设计

第六章　书籍装帧的承印物与印刷工艺

第七章　概念书籍的创新设计

第一章　书籍装帧设计概述

学习目标

通过本章的学习，帮助学生了解什么是书籍装帧，分清书籍装帧的外延与内涵，准确分辨封面设计与整体书籍装帧设计之间的区别。同时掌握书籍装帧的起源、历史发展、书籍装帧的功能，以及现代书籍的未来发展趋势。

学习任务

利用图书馆、大型书店、网络资源等形式采集身边所涉及的各种形式的书籍装帧作品。通过对不同形态的书籍装帧作品的相应功能来分析现代书籍装帧的特点，总结现代书籍装帧设计的优劣与发展趋势。

任务分析

本章的任务重点是在系统讲解本课程之前，通过大量的书籍装帧设计资料的观摩来调动学生对本门课程的学习积极性。并利用对书籍装帧原始直观的感性认识，在繁杂的现代书籍装帧设计中选择具有代表性的作品进行直接的理性解析，从而立体地规划出本门书籍装帧课程所涉及的范围与基本设计要素。同时通过总结与归纳来训练一个设计师对书籍装帧良好的时代意识与敏锐的设计嗅觉。

1.1 书籍装帧的基本概念

在课程的学习之前，首先要明白什么是书籍装帧？装帧与书籍设计的本质区别是什么？

首先"书籍"一词在现代的社会中定义各不相同。在《辞海》中定义为书籍、期刊、画册、图片等出版物的总称。我国出版业对书籍的定义为书籍是通过一定的方法与手段将知识内容以一定的形式和符号（文字、图画、电子文件等），按照一定的比例系统地记录于一定形态的材料之上，用于表达思想、积累经验、保存知识与传播知识的工具。联合国教科文组织将书籍的定义概括为：凡由出版社或出版商出版的49页以上的印刷品，具有特定的书名和著者名，编有国际标准书号（ISBN），有定价并取得版权保护的出版物，称为图书（BOOK）；5页以上、48页以下的称为小册子（PAMPHLET）。其次"装帧"一词是一个舶来品，它来源于日本，是20世纪二三十年代由鲁迅、丰子恺等为代表的杰出艺术家们从日本引入中国的。装帧一词的本意是纸张折叠成一帧，由多帧装订在一起，附上书面的形式。同时还具有对书的外表进行创意设计和技术运用的概念。

两者合二为一，因此书籍装帧设计有别于一般的平面二维视觉设计，它是需要通过立体的空间流动将外在书籍造型构想与书本身的内在信息相结合的综合性设计。它需要设计师经过周密的计算、精心的策划、工艺的运筹，运用装饰、色彩、图像、字体等元素来展现书的内容，同时体现书的精神和作者的思想。它是一个对书籍结构、形态、封面、材料，以及印刷、装订等多方面的设计与架构的视觉传达艺术（图1.1至图1.6）。

图1.1 《茶饮》

图1.2 《湘女萧萧》

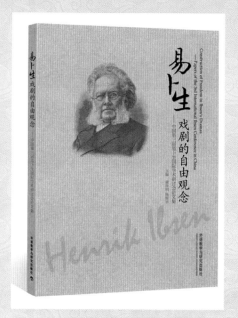

图1.3 《易卜生戏剧的自由观念》

图1.4 《找不着北》

图1.5 《约翰·列侬》

图1.6 《喜马拉雅的人与神》

1.2 书籍装帧的历史演变

高尔基说："书是人类进步的阶梯"。书籍作为文字、图形等信息的流通载体，在人类的精神文明发展、知识的交流与传播中起着重要的作用。同时，书籍在古代除了是知识传播的载体之外，更有着尊崇的地位，无论布衣平民还是文人雅士都会珍而藏之。中国传统书籍装帧崇尚儒雅，明清以来最为流行的线装本，竖排右翻，清雅简朴，更是传统文化的表征。纵观书籍装帧的历史发展，装帧形态的变化随着一定社会、一定时期人们生活状态、意识形态及科技文明的发展而发展。

1.2.1 书籍装帧的原始形态

1. 结绳记事

书籍最本源的功能是信息记录。在文字发明之前，人们靠语言互相沟通。以结绳的大小、松紧、多寡以及涂上不同颜色等方式，来表达不同的意义，我们称之为结绳记事。这种形式虽然简单，但远古人类就是依靠这样的方法传递信息、交流思想，将信息保存流传的，可以说是书籍的最早雏形。而且这些记事的符号也逐渐形成了象形文字，也可以说是文字的起源（图1.7）。

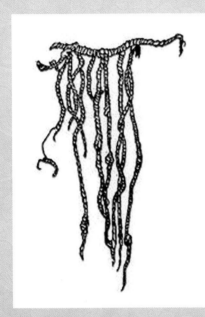

图1.7 结绳记事

2. 甲骨形态

"甲骨文"是我国迄今发现的最早的文字，是用刀刻在龟壳或者兽骨之上的文字。龟甲与兽骨是一种负载文字的载体。人类从自然界中提炼出具有特殊意味的符号、图形刻在兽骨上，便出现了中国古代最早的形象文字——"甲骨文"，同时文字也有了书写载体。由于甲骨的形状与大小各不相同，每块甲骨上所承载的文字数量有限，为了便于保存与记录，人们将内容相关的几片甲骨用绳串联起来，这就是早期书籍的装帧形式。目前中国发现最早的甲骨文是1899年在河南安阳县小屯村发现的甲骨刻辞，距今已有3千多年的历史。上面记载着商周时期帝王狩猎、征战、疾病、祭祀、建筑、收获等内容，甲骨上的文字较为简短，严格意义上说不能算是完整的书籍，但甲骨文上以从右到左，自上而下的书写方式，奠定了中国传统书籍文字近3千年的排列方式，它为人类书籍的发展奠定了基础（图1.8）。

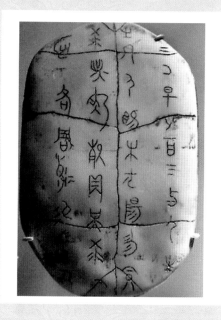
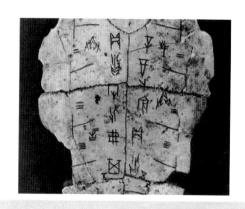

图1.8　甲骨文

3. 青铜、石刻形式

到了商周时期，由于青铜器冶炼技术已经到了十分发达的程度，青铜器作为最为广泛的器物，被大量地用做礼器、乐器及祭祀的冥器。到了西周以后，在青铜器上铸刻铭文的风气广为盛行，凡是祭祀、战争、庆典、契约等大事都会被记录在青铜器上。因为周以前把铜也叫金，所以铜器上的铭文就叫做"金文"或"大篆"；又因为这类铜器以钟鼎上的字数最多，所以过去又叫做"钟鼎文"。西周的毛公鼎及其拓片（图1.9和图1.10），它的内壁铸有铭文32行，总计499个字，是现存商周两代7000多件有铭文的青铜器中铭文最长的一件。

图1.10　毛公鼎

图1.9　毛公鼎拓片

相对于青铜金文记事，在石头上刻字由于取材、成本、大小的各方面原因，石刻记事在载文篇幅，以及保存性上更易于青铜器，因此也更加广泛。由此产生的石鼓文是我国最早的石刻文字，世称"石刻之祖"。石鼓文处于承前启后的时期，承秦国书风，为小篆先声。石鼓文被历代书家视为习篆书的重要范本，故有"书家第一法则"之称誉（图1.11和图1.12）。

图1.11　石鼓

图1.12　石鼓文拓片

除了石鼓书之外，汉代的石刻还有很多种类，刻在山崖上的叫做摩崖；刻在长方形大石上的叫做碑；刻在圆头的天然石头上的叫做碣。

1.2.2　书籍装帧的卷轴形态

1. 简牍装

所谓正规的书籍，是指那些以传播知识、介绍经验、阐述思想、宣传观点等为目的，经过编制或创作，用文字书写或刻印在一定形式材料上的著作。我国最早的正规书籍应该是简牍。简——竹片，牍——木片。竹片做成的书，称为"简策"，木片做成的书，称为"版牍"，因此统称为"简牍"。"简牍"始于商朝末年（约公元前11世纪），"简牍"上的文字，大多用毛笔蘸墨书写，写错了用刀子刮去，再重新写。为了读者的阅读与收藏的方便，人们用麻绳、丝绳或皮绳在一根根简或牍的上下端编连起来，把简编成策之后，从尾简向前卷起，装入布套，阅读时展开就是卷首，方便携带。我国古代的许多重要著作都是写在简策上的，如《诗经》《春秋》《周易》，伟大诗人屈原的《离骚》，司马迁的《史记》等（图1.13）。

图1.13　古代的简牍

　　由于简策上对于记载的文字字数有限，对于像《史记》之类的书籍字数越多，用的简就越多，阅读、携带均不方便，文章稍微长一些就要分写到几束简策上。在一策里，前面的两根简为空白竹片，叫"赘简"，类似于现代书籍的空白页、扉页，赘简的背面一般都书写书名或篇名。策中最后一根简叫"末简"、"尾简"，这也可以称之为最早的版式设计了。以尾简为轴，把策卷成一束时，赘简背面的书名或篇名就露在外面，起着保护内简和书写书名、篇名等作用，查阅起来非常方便。这和现代书籍的封面、书脊起到的作用相同。简策对中国文化的传播，以及书籍装帧的发展起到了提纲挈领的指导性的作用。

　　2. 卷轴装

　　卷轴装是由简牍装发展演变而来，是历史上应用时间最长的书籍形态。随着造纸术的发明，书籍逐渐脱去甲骨、竹简这些笨重的材料，在使用携带上变得轻便。同时由于东汉蔡伦总结了前人的造纸经验，采用树皮、麻布、皮革等低成本材料来改良造纸技术，在提高了纸张的质量的同时大大地降低了成本，使得书籍的材料摆脱了绢帛等昂贵的书写材料，满足了社会文明的进步发展的需要。更加符合人们越来越广泛的传播知识、交流思想的要求，促进了书籍艺术的快速发展。

　　卷轴装是由卷、轴、　、带四个部分组成。将长条帛书或纸书，从尾向前卷起，形成卷子形式，末端粘连一根轴，一般为木轴，也有质地讲究的，用象牙、玉、琉璃等将书卷卷在轴上。文章直接写在绢帛或者纸张上依次粘连在长卷之上。卷首、卷尾一般都粘接一张叫"飘"的纸或者丝织品上，飘的质地要坚韧，并起到保护的作用。飘头再系以丝带用来捆绑书卷，丝带的末端穿一个竹签，捆成卷轴后固定丝带。阅读卷轴时，将长卷打开，随着阅读的进度渐渐舒展，阅读完毕后，将书卷随轴卷起，用卷首的丝带捆缚。卷轴的装帧形式，始于周朝，盛于隋唐，一直沿用至今。在欧阳修的《归田录》中描述："唐人藏书，皆作卷轴"。可见在这种书籍装帧形态的普遍性（图1.14）。

卷轴纸书的版面装饰，如上下两端的栏线、行与行之间的界线，均是对竹木简的编线和简条之间的缝线的模仿。它的装裱和制作有一整套的工艺，工艺的高低直接影响书籍的美观、阅取和保存。现在的许多卷轴式的书画装裱跟古代的卷轴装书是一脉相承的。由轴、 、带、签等装帧材料和颜色不同，是古代图书分类的重要标志（图1.15）。

图1.14　古代卷轴装书籍

图1.15　卷轴式书画

书籍装帧

3. 旋风装

旋风装是由卷轴装向册页装过渡的一种形态，产生于唐代后期。外观上与卷轴装完全一样的。旋风装是把一张张写好的书页，按照先后顺序逐次相错约一厘米的距离，粘在同一张带有卷轴的整纸上面。打开后朝一个方向卷收，很像空气分若干层朝一个方向旋转旋风，这是旋风装得名的缘由。收藏于故宫博物院的唐朝吴彩鸾所书的王仁煦《刊谬补缺切韵》，用的就是这种装订形式（图1.16）。

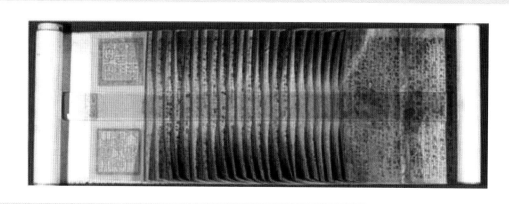

图1.16 《刊谬补缺切韵》

1.2.3 书籍装帧的册页形态

1. 梵夹装

梵夹装是中国古代书籍中唯一借鉴国外书籍装帧的形式。它是古印度佛教典籍中所采用的一种装帧形式。梵夹装是用印度古文字书写在贝多罗树叶上的佛教经典所采用的装帧形制。由于梵文书写，书籍的封面与封底分别由两块夹板上下相夹，而后用绳索、布带相捆，故称之为梵夹装。早期中国书籍的制作材料不同于印度，先后采用过竹、木简、版牍、缣帛，最后采用了纸张。这种材料制作的书籍，无法采用梵夹装；且梵经译汉文，亦无所谓梵称。所以，从严格意义上讲，中国书籍没有梵夹装。但如果是译成中国的少数民族文字之后（如藏文、蒙文藏经），其用纸张书写或雕印的经叶，也有仿效古印度贝叶经的装帧形式（图1.17）。

图1.17 仿效古印度贝叶经的少数民族经书

梵夹装的书要比卷轴装的书籍阅读更为方便，但梵夹装书对纸张有一定的要求。纸张不能太薄，否则两面书写文字时墨迹会互相渗透，影响阅读。同时还容易破损，不易翻阅，并且穿孔处与系绳相互摩擦也极易破损，一旦破损，全书就会散。

2. 经折装

经折装是图书从卷轴形式向册页形式发展演变的过渡形式，是中国古代图书装帧形式之一。经折装是将一幅长条书页，按一定的宽度一正一反折叠成长方形，用较厚的纸粘贴首尾两页做书皮，通常也称为折子装。我们在很多古代影视剧中看见皇帝批阅的奏折就是典型的经折装。经折装制作简便，免去了装轴、接裱等操作之劳，在翻阅时不用拉开和卷舒，即可随时翻阅，比卷轴方便多了，同时也便于书籍的存放与收藏（图1.18）。也因为经折装的诸多优点至今在现代的书籍装帧设计中同样也被广泛用于双面印刷、折成多折多叠的广告宣传册。

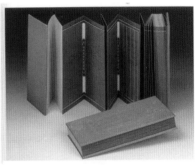

图1.18　经折装

3. 蝴蝶装

蝴蝶装是我国早期的册页装形式，由经折装演化而来，大约出现在唐代后期，盛行于宋朝。蝴蝶装就是将印有文字一面的纸朝里对折，以中缝为准，把所有页码对齐，用糨糊粘贴在另一包背纸上，然后裁齐成册。蝴蝶装的书籍在翻阅起来就如同蝴蝶飞舞的翅膀，因此得名"蝴蝶装"。蝴蝶装虽然只用糨糊粘贴，不用线，却很牢固（图1.19）。

　　蝴蝶装彻底改变了之前以整张纸或卷轴、或折叠的装帧形态，随着印刷术的发明与盛行，它的这种一页一版的特点更适合雕版印刷的需要。同时也标志着从蝴蝶装以后我国书籍装帧的装订形态走向了"册页装"时代，更加接近于现代书籍的装订形式。在现代书籍装帧中，这种装订形态同样也被广泛地应用，如精美时尚的画册、相册等（图1.20）。

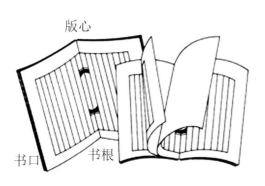

图1.19　古代蝴蝶装

图1.20　现代蝴蝶装

4. 包背装

　　虽然蝴蝶装有很多方便之处，但也有其不完善之处。因为文字面朝内，每翻阅两页的同时必须翻动两页空白页。到了元代，包背装取代了蝴蝶装。包背装与蝴蝶装的主要区别是对折页的文字面朝外，无字面相对，翻阅时每页都有文字。两页版心的折口在书口处，所有折好的书页叠在一起，戳齐折口，版心内侧余幅处用纸捻穿起来。用一张稍大于书页的纸贴书背，从封面包到书脊和封底，然后裁齐余边，这样一册书就装订好了。包背装的书籍除了文字页是单面印刷，且又每两页书口处是相连的以外，其他特征均与今天的书籍相似。今天我们在一些仿印的古籍类图书中仍然能见到这种装订形态的书籍（图1.21）。

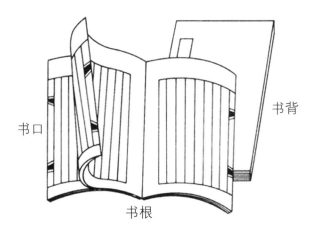

书口

书背

书根

图1.21　包背装

包背装改变了蝴蝶装版心向内的形式，不再有无字的页面，但容易脱页的缺点仍然没有改变，所以又出现了线装形式。

5. 线装

线装是由包背装发展而来的，早在北宋末期，线装书就已经出现，到明朝中叶盛行。线装的方法是将书页正折，文字的页面向外，版心为书口，把包背装的整封面换为两张半页的软封面，分置书身前后。用锥子穿小孔，再用棉线或丝线把它连同书身一起打孔穿线装订而成。线装一般在书上打四孔，称为"四针眼装"。较大的书，在上下两角各加打一眼，就成为"六针眼装"。

线装书的优点是既便于翻阅，又不易破散；既有美观的外形，又很坚固实用。线装在中国古代的装帧形式中具有崇高的地位，因为它独具典雅的装订形式及浑厚的民族气派，在相当长的时期内被人们确认为"国装"。这种装订方式在现代化的今天仍然发挥着它独特的魅力。不少古籍类的重要文献资料仍然采用这种装订形式（图1.22）。

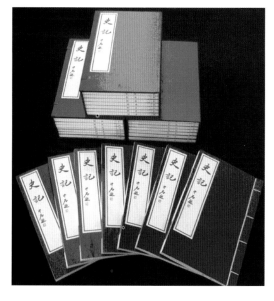

图1.22　各种线装书籍

1.3　现代书籍装帧的发展趋势

　　书籍为人类文明进步的传承者，它的装订形式经过了上下3千多年的历史演变，到今天仍然在不断地发展。中国现代书籍装帧的设计起源于清末这样的一个多坎坷、多动荡的时代。19世纪中后期，随着西方势力的渗透，欧洲先进的印刷技术也随之传入中国，铅印技术及新闻纸、铜版纸等不同纸张材料的大量出现使书籍成为工业化的产物。商务印书馆（图1.23）、开明书局、洪文书局、中华书局等相继出现，上海、北京成为中国的出版中心。原来传统的书籍形式已经无法满足新革命下的印刷工艺，以及新的纸张材料的要求，单面印刷变为了双面印刷，排版方式也出现了新的变化，文字排列由竖排变成了横排，阅读习惯也从习惯性的从右往左逐渐的变革成从左往右。这些变化的出现使得传统的蝴蝶装、包背装、线装的装订方式已经无法适应，被新的平装、精装书籍装订形式取而代之。

在中国现代书籍装帧发展中，对中国近代书籍装帧设计产生重大影响的是1919年的"五四"运动。"五四"运动开启了文化锁国的大门，西方装帧之风吹进东方古国。20世纪30年代，以鲁迅为首的，包括陶元庆、丰子恺、司徒乔、孙福熙等一大批优秀的艺术工作者将日本的书装艺术和欧洲的书籍插图艺术引入中国，并亲自对书籍装帧进行设计，从而积极推动了中国书籍装帧艺术的发展。尤为突出的是鲁迅创作了大量的封面，呼吁将装帧设计者的名字与作者的名字放在书籍的封面上，这一历史性的突破极大地推动了中国书籍装帧的历史进程。这一时期的书籍封面、环衬、扉页、序言、目录、正文，以及插图、字体、纸张都发生了重大的变革。书籍中出现了空白页，加大了天头、地脚的宽度，对环衬、扉页和插图更为重视，形成了较为系统化的装帧设计，这一时期的书籍主要以平装为主（图1.24）。

图1.23　商务印书馆

图1.24　20世纪初的平装书

20世纪80年代以后，由于新媒体、新技术的出现，给传统的书籍装帧设计带来了前所未有的冲击。同时电脑技术的日益成熟，印刷领域对于新技术、新材料、新工艺的使用，使得书籍装帧艺术在形式上、功能上、材料上更加多元化。电子图书、光盘、数码影像已经彻底突破了以纸张为传播媒介的装帧形式（图1.25）。

图1.25　现代书籍装帧设计

综观书籍装帧的发展，将来的书籍装帧设计艺术将朝着更加多元化、个性化的方向发展。随着科技的进步，书籍装帧设计的形式、功能、材料将会更加的丰富多样。

1.4　书籍的类型

现代书籍作为人们日常学习、生活、工作、娱乐、休闲等方方面面必不可少的实用文化商品已经无处不在、无处不需。因此现代社会的图书种类也越来越丰富，越来越细分化。作为一名书籍装帧的设计师，在设计之前必须对书籍的分类有一个明确的认识，清楚不同主题、不同类型的书籍所应有的特点，这样设计的作品才能准确地把握住书籍的创作方向与内容主题。现代书籍根据书籍的内容、性质与用途大体可以分为以下几类。

1.4.1　社科类书籍

社科类书籍的内容较为广泛，主要指以社会现象为研究对象的科学类的书籍。这类书籍的主要内容是研究与阐述各种社会现象及其发展规律，科普性强。因此在对于这类书籍的设计上要做到整体大方、简洁易懂，避免过于花哨的装饰，给人以一种科学严谨的设计风格（图1.26）。

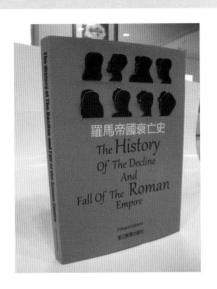

图1.26　社科类书籍的装帧设计

1.4.2　文学类书籍

文学类书籍内容丰富多彩，题材多样，由于书籍作者的国籍文化、撰写的时代背景、题材的内容及采用的文学形式各不相同，因此书籍装帧的风格随书籍实际的内容而具有较强的个性（图1.27）。设计师必须熟悉原著的内容，领悟原著的精神，通过提炼书籍的精神元素，用美的形式来表现书籍，做到内容与形式的统一。如图1.28所示《达·芬奇密码》这部小说，这是一部揭露达·芬奇的著名油画《蒙娜丽莎》背后的传奇秘密为背景的科幻类小说。封面运用深黑色背景表现出内容的神秘，以及揭示达·芬奇油画背后不为人知的秘密与巧合。"密码"二字采用显眼的红色，更给人增添了一种不确定和变化莫测的神秘感，以吸引读者的阅读兴趣。

图1.27　文学类书籍的装帧设计

图1.28　《达·芬奇密码》/孙芳影

1.4.3　古籍类书籍

古籍类书籍是较为特别的书籍种类，它通常是对古代著作或者文献资料的重新整理与编撰，因此具有很强的时代特点。这类书籍的装帧设计需要将书籍所涉及的那个时代的风格较好地传递下来，通常模仿古法装订形态与图案进行创作，使得书籍给人一种别出心裁，既古朴又不失现代感样式，产生与古代历史的对话和共鸣。如图1.29所示这本著作《红楼梦》，作者在封面的设计上采用了《红楼梦》中典型

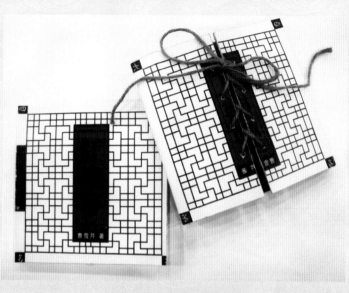

图1.29　《红楼梦》/江林

的明清建筑中古典窗格为装饰图案，同时《红楼梦》的书名采用居中对齐，外面加以典型的中式回纹进行约束。此外设计师还为书籍设计了一个通过绳结打开的别致的书函，使整本书给人一种古朴典雅的感觉。

1.4.4　少儿类书籍

少儿类的书籍在设计上要从儿童特定的心理、生理，以及审美需求出发，有别于成年人书籍。在色彩上往往采用高纯度、高明度、大对比的绚丽色彩来取悦儿童的视觉，吸引他们的注意力。同时在图案上选择活泼可爱的卡通图案给孩子以亲切感，在文字的运用上多选择较大的文字，同时选择具有亲和力的字体（图1.30）。

图1.30　少儿类书籍的装帧设计

1.4.5　艺术类书籍

艺术所涉及的门类很多，如摄影、绘画、书法、篆刻、戏曲、音乐、舞蹈等。不同的艺术门类有着不同的鲜明个性特征，进行书籍装帧设计时，要突出它们的艺术审美性（图1.31）。

图1.31　艺术类书籍的装帧设计

1.4.6　工具类书籍

工具类书籍的专业性很强，如百科全书、字典、词典、教材、参考书目等。这类书籍在设计时要结合其内容，图形设计应严谨，色彩应厚重，给人以信任感，不需要过多的修饰（图1.32）。

图1.32　工具类书籍的装帧设计

1.5　书籍装帧的功能

1.5.1　促进销售功能

由于社会文明的进步，商品经济的快速发展，出版业已经成为商品经济不可或缺的一个重要的组成部分。书籍作为出版业中内容信息的重要承载体，除了传递信息之外，还承担着促进销售的重要使命。人们在选购书籍的时候，书籍装帧设计的好坏将直接刺激读者的购买欲，书籍装帧不仅能促进书籍的销售，同时也增加了产品的附加值。不仅如此，优秀的书籍装帧作品还能在读者购买时第一时间让读者通过书名、插图、装帧形式等方面来了解书本信息，使得消费者能快速地把握书籍的核心内容（图1.33）。

图1.33　书籍装帧的销售功能

1.5.2　承载信息的功能

承载书稿、文字和图片的信息是书籍装帧最根本的功能，也是最为实用的功能之一。设计师根据不同书籍的类型，以及不同的读者对象对书籍进行装帧设计与正文编排设计。优秀的书籍装帧设计不仅能够勾起读者的阅读兴趣，更为重要的是通过装帧的合理布局能够使得书籍的各类信息合理有效地呈现在读者面前，方便读者了解（图1.34）。

图1.34　书籍装帧的承载信息功能

1.5.3 保护书籍的功能

书籍装帧的另一个功能是保护书籍在翻阅、运输和储存的过程中避免损坏，起到增加书籍使用寿命的作用。一本完整的书籍装帧除了基本的书页装订之外，还需要有封面、封底、环衬、扉页等多个部分进行保护。如图1.35所示的《北京新声》这本书，在普通的平装上增加了一个腰封，这样既保护了书籍的封面和封底不受损坏，同时还能起到一定的促销作用。

此外，一些精装的收藏类图书或者过于厚的书籍更有十分精美的书函，以及特殊的装订形式对书籍进行多层的保护与加固来避免书籍书页部分受外力

图1.35　《北京新声》

的损坏。如图1.36所示的《朱熹千字文》这本精装书，作为一本以收藏纪念为主的书籍，为了更好地保存，使得书籍不受外力损坏，除了常规的装帧设计之外，又增加了一个结实牢固的木质书函。这样既提升了书籍本身的价值，更重要的是能够很好地保护书籍在运输、储存、使用过程中不受损坏。

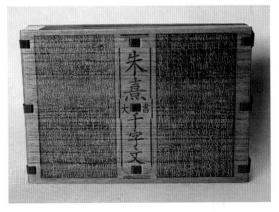

图1.36　《朱熹千字文》

1.5.4 美化书籍的功能

优秀的设计师能够通过准确地结合书籍的内容，运用富有概括性与创意性的图片、醒目的色彩，以及合理的版式编排等元素对书籍进行装帧设计。使原本平淡无奇的书稿变得生动而具有内涵，让读者在阅读的同时，在视觉上同样也获得一种美学的享受（图1.37和图1.38）。优秀的书籍通过艺术的表达方式使读者对书籍装帧设计及其内容产生美好的联想，通过渗透在书籍装帧设计中的美为读者创造温馨的阅读气氛。如图1.39所示《三十而立》这本书，设计师在图形的选用上巧妙地使用了直尺，同时将直尺的投影投射在书籍上，使用了拟人的手法含蓄地点明了本书的主题。同时大面积的红色与黑色对比，也增强了封面的视觉冲击力，充分吸引了读者的眼球。

图1.37 《足球宝贝》　　　　　　图1.38 《暧昧的邻居》　　　　　　图1.39 《三十而立》

实训一 现代书籍装帧设计作品优劣分析

实训任务

（1）要求利用摄影、网络等各类形式采集身边不同种类主题、不同风格类型的书籍装帧设计作品，采集的图片资料不少于10个。

（2）对采集的每个书籍装帧作品从设计风格、书籍内容，以及装订形式等方面做出直观的感性分析。

（3）将这些内容编排成PPT形式完成汇报。

（4）项目完成时间：4课时。

第二章　书籍装帧的形态结构与设计原则

学习目标

通过本章的学习帮助学生了解书籍装帧的基本形态结构，同时能够对书籍装帧的每一部分在整体书籍装帧中所起的作用有一个正确的认识。掌握书籍装帧的各个组成部分的设计要点与规律，把握不同类型的书籍对应的设计原则。

学习任务

通过合理运用书籍装帧的设计原则，以及书籍形态选择的规范性，同时结合目标书籍的要求对书籍进行书籍装帧的形态设计。通过3~5套草图稿的绘制形式来合理设计书籍的装帧形态结构。

任务分析

本章的任务重点在于如何从目标书籍实际出发，结合书籍的内容，采用合理的书籍装帧设计原则与书籍形态选择规范来为书籍设计结构形态草图。设计过程中建议可以将同一类型的书籍形态进行比较讨论，有利于更好地完成对书籍装帧形态的草图构思设计。

书籍装帧设计并不仅仅停留在对书籍封面的设计上。狭义上，书籍装帧设计主要是针对封面、书脊、封底这些书籍外观的部分。一本书完整的书籍装帧设计主要由以下元素组成：书函、护封、封面、环衬、封底、扉页、勒口、腰封、书脊、飘口、订口、切口、腰带、书签带、版权页、页码、页眉、目录页、序言页、后记页、附录页、题词页、插页等，如图2.1所示。当然其中有些结构是每本书必不可缺的常态结构，有些是特殊书籍装帧所特有的拓展结构。不一定每本书籍都必须有书函、护封、腰封、腰带、书签带，但是每本完整的书籍都必须有封面、书脊、封底。而且书籍部分的结构顺序也是可以改变的，有些则是固定的，如有些书籍将版权页放在正文之前，也有些书籍将版权页放在正文之后。

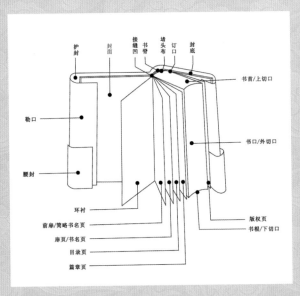

图2.1　书籍常规形态结构图

2.1　书籍装帧的常态结构

2.1.1　封面——书面的风采

　　封面是书籍装帧艺术的重要组成部分，是书籍装帧设计艺术的门面，它是通过艺术形象设计的形式来反映书籍的内容。在当今琳琅满目的书海中，书籍的封面起了一个无声的推销员作用，它的好坏在一定程度上将会直接影响人们的购买欲。

　　由于一本书是立体结构，使用过程中封面部分运动频率最高，同时又处于整本书的表面，因此在封面的材质选择上应比书籍的内页部分更加厚实。通常情况下，书籍封面的材料可以是厚纸、布、绢、皮革等。作为书籍的标签与名片，封面设计除了配有醒目的图形和色彩来吸引读者之外，还必须出现书名、副书名、作者名（外国作者要标明国籍和译者名），出版社名等基本的信息，这是构成书籍封面所必需的重要信息（图2.2）。

图2.2　封面必备的信息展示

2.1.2　封底——容易被淡忘的环节

封底是整本书的最后一面，又称封四、底封。在书籍装帧的设计中，这一部分往往会被忽略或是弱化。它是书籍封面设计风格的延续，封底上的图案与插画通常和封面部分紧密相连，保证书籍装帧艺术的完整性。《一起造一座墙》的封面与封底在色彩和风格上高度地协调统一，诗一般的桃红色布满着封面与封底的上半部，全部打开之后我们能清晰地看见封面与封底虽然图形不同、编排不同，但是设计的风格韵味却是一致的，如图2.3所示。

图2.3 《一起造一座墙》

封底上的主要信息包括书号、定价、ISBN条码，部分书封底还包括内容简介、书籍描述、系列丛书目录等，这些信息将是书籍销售流通中必不可少的元素。

2.1.3 书脊——书籍的第二张脸

书籍的正文页形成一定厚度，经过装订后，在书籍的订口自然就形成了一定的厚度，我们称之为书脊。书脊是一本书从二维形态变成三维形态的关键部位。它对书籍的装订起到保护的作用，书有多厚，书脊就有多宽。当我们在图书馆、书店选书时，通常情况下陈列在货架上的书籍，读者首先看到的是书脊。书脊是决定书籍能否在同类书中一眼跳出的关键，因此我们又把书脊称为书籍的第二张脸（图2.4）。

图2.4 书脊的设计

设计师要在狭小细长的空间中运用各种艺术表现语言来做出及符合书籍内涵又具有创意的书脊设计，从而为整个书籍设计增添亮点，对于系列套书，还应考虑连续性或成套的特征。书脊上的主要信息元素包括书名、作者名（外国作者要标明国籍和译者名）、出版社名称和特定的标志等。在如此狭小的空间内要将这些信息有层次地表现出来，是设计师对文字信息的处理能力的一项考验。通常情况下，书名放置在上半段的位置，作者名放在中间部位，出版社名称放置在下半段的位置。有一些系列丛书，在书脊上还要放上丛书名，再加上书名、作者名、出版社名及特定的标志，这时书脊的内容就更多了，通常会把丛书名放在最上部，但是在字体样式、大小、颜色的设计上还是以突出书名为主。

2.1.4 护封——书籍的保护卫士

作为书籍装帧设计中十分重要的一个组成部分，护封的好坏将直接影响到整本书的装帧质量。护封主要由前勒口、前封、书脊、后封、后勒口组成，如图2.5所示。

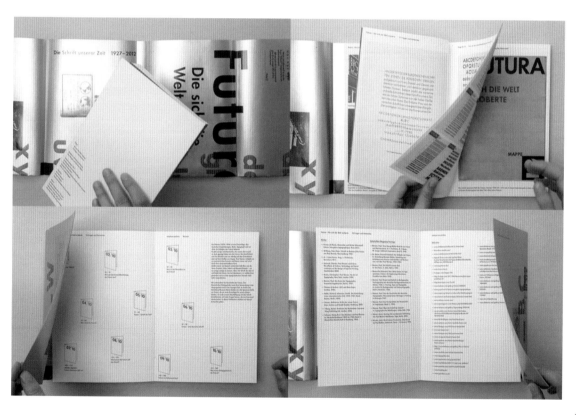

图2.5 护封的设计

书籍作为商品，在销售中难免由于读者的频繁翻阅及在陈列时由于光线、温度、湿度的变化而产生对书籍封面弄脏、破损、卷曲变形等现象，从而影响了书籍的正常销售。护封将对书籍起着保护封面，减少书籍受损的作用。此外，通过对护封的图形、色彩的设计，可以直接地将书籍的内涵体现在读者面前，与封面一样起到促进销售的作用。通常情况下，护封应该选用质地坚硬的纸张。其高度略低于书籍高度1~2mm，这样能够避免护封的边缘破损或折断（图2.6）。

图2.6　护封的高度

在印刷工艺上，护封通常采用光压膜等多道工序，使得护封更加有光泽、更加牢固、更加有表现力。除了纸张外，各种纺织物、丝织品、人造革和皮革等也可以做护封，只是不同的材料给读者的触觉与视觉感受不同。

2.1.5　勒口——同条共贯

勒口是封面与封底在书籍切口处向内折入的部分，是封面与封底书口的再延续。勒口分为前勒口、后勒口。勒口的增加使得封面与封底的切口边缘处得到了保护与增厚，使得书芯、书角不易在储藏、运输、翻阅的过程中受到损坏。在勒口的尺寸设计上一般以封面宽度的二分之一左右为宜，太窄起不到对书籍切口保护的作用，太宽将影响书籍的正常翻阅，给阅读造成不便。如一本32开的书，勒口一般在5～7cm左右。同时，在勒口的设计内容上往往是封面、封底的延续，印上与封面相呼应的颜色与图案，还可以放上作者简介、书籍内容概要以及丛书介绍等信息（图2.7）。

图2.7　勒口的设计

2.1.6 环衬——拉开帷幕

环衬是封面与书芯之间的一张衬纸，通常一半粘在封面的背后，另一半是活动的，把封面、封底与书芯用整张纸进行连接，使得封面与内页之间更加牢固不脱离。因其以两页相连环的形式被使用，所以叫"环衬"，也有人把它形象地称之为"蝴蝶页"。书前的一页叫前环衬，书后的一页叫后环衬（图2.8）。有些简装版的书籍将环衬与扉页合二为一，这种则是环衬的另一种特殊形式，称之为"环扉"。

环衬的设计风格应与书籍装帧的整体风格保持一致，作为书籍拉开帷幕的序曲。文学类书籍通常会采用较为简单的装饰性图案与纹样，也可采用单色的压有深浅不同的文字的纸张，利用纸张特有的肌理和质感，让读者的手在触摸书籍的时候有一种身临其中的感觉。如图2.9所示，《金瓶梅》一书的环衬就是使用了书中的一张代表性插图，淡雅地印制在有肌理质感的特种纸上，朦朦胧胧给人一种对文学作品的无限遐想。而艺术类书籍多数会采用白色、黑色、深色或者是特殊效果的纸张作为环衬页，如荧光纸、硫酸纸，还可以加一些起鼓、压凹、镂空等特殊工艺，以一种简洁大方的效果来强调其独特性（图2.10）。无论是哪一类书籍的环衬设计，总体设计应简洁柔和，在视觉上起到一个很好的过渡作用。当然也有一些精装书籍在环衬设计上较为讲究，采用插图、图案、照片肌理等效果表现。

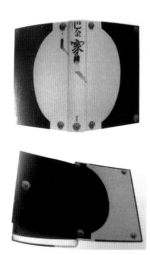

图2.8　环衬的设计

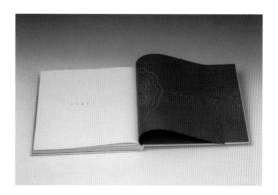

图2.9　《金瓶梅》的环衬设计　　　图2.10　艺术类书籍的环衬设计

2.1.7　扉页——开场道白

扉页是书籍封面与书芯之间印有书名、作者名、出版社名的一页，它是书籍封面的延续和补充。扉页作为书籍正文的导入部分，一本内容很好的书如果缺少扉页，就犹如白玉之瑕，减弱了其收藏价值。在扉页的设计风格上要与整本书籍的设计风格相一致，设计力求简练空灵，尽可能给读者留一个轻松遐想的思维空间，从而引导其进入书籍的正文部分（图2.11）。

一些精装书籍一般有数量众多的扉页，不同的扉页有其不同的内容与功能，首先必不可少的是书名页，也称正扉页，它起着装饰与保护书籍的作用，如果书籍的封面损坏了，它将直接保护书籍的内页，避免影响正常的阅读。因此它充当了二封、内封的作用。封面上所出现的书名、作者、出版社等信息在书名页中也都应出现，并且通常情况下文字的字体大小需与封面保持一致。由于人们的阅读习惯，正扉页的方向总是与封面一致，在右页，左页一般为一页空白页（图2.12）。

图2.11　扉页的设计（1）

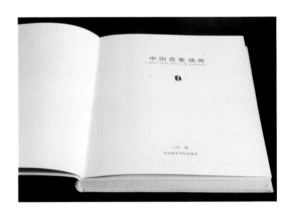

图2.12　扉页的设计（2）

2.1.8　其他页

1. 版权页

版权页是书的身份证明。版权页有一个相对固定的格式与内容，一般都会出现书名、作者、编者、译者、出版社、发行者、印刷商的名称与地址，以及图书在版编目（CIP）数据，开本、印张和字数，出版年月、版次、印次和印数，标准书号和定价等信息。版权页通常情况可以放在正文之前，也能放在正文之后。与其他页面相比，版权页有固定的编排顺序，不受书籍整体设计风格的影响，一般很少使用装饰性的图形图案，字体一般采用宋体或黑体，保持一种严肃理性的版面风格，并印有"版权所有、侵权必究"的专利标记（图2.13）。

图2.13 版权页

2. 序言页

序言页通常是处于书名页之后，用来起到承上启下、开场道白的过渡页面。大部分的书籍都有"序言"或者是"前言"、"引言"。序言页通常是介绍评述概括书籍的一篇文章，说明书籍著述或者出版旨意、作者情况等内容。由于是以文字为主，在设计风格上通常会使用淡雅的图案或者是点、线、面等简单的图形作为背景，在视觉上不影响文字的阅读为前提进行设计（图2.14）。

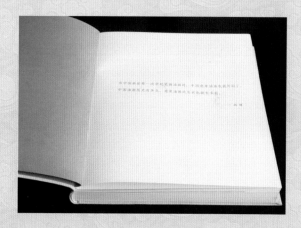

图2.14 序言页

3. 目录页

目录页通常也是各类书籍不可或缺的一个重要组成部分。目录是全书的总纲领，显示着一本书的总体内容与构架。目录页一般放在书名页、序言页的后面，正文的前面。常规的目录页设计是前面为章节名后面对应页码，中间用虚线连接，自上而下整齐排列。如今很多书籍装帧设计师打破了这一传统编排模式，充分地结合书籍的整体设计风格，使目录页变得更加有活力，跳跃感强，增强了书籍的观赏性（图2.15）。但是无论如何设计，其功能仍然是让读者能够快速地通过它了解书籍的内容概要并快速找到每个章节相对应的页码。

第二章 书籍装帧的形态 结构与设计原则

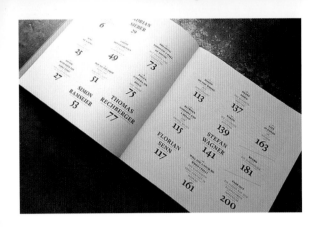
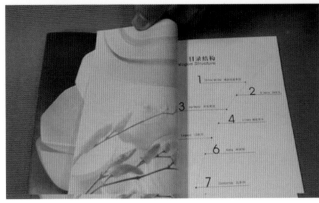

图2.15　目录页

2.2　书籍装帧的拓展结构

2.2.1　书函

　　书函又称函套、书套、书盒，主要是起着保护书籍、增加书籍的艺术感、便于携带和收藏的作用。随着印刷工艺的发展及包装工程技术的突破，书函的制作材料日益丰富，通常有纸板、瓦楞纸、木材、塑料、布等材料（图2.16）。

图2.16　各类材质的书函设计

图2.16　各类材质的书函设计（续）

　　由于书函的制作成本相对较高，因此设计书函类的图书一般多为印刷精美，有一定收藏价值的精装类图书。人们在购买或阅读时首先映入眼帘的就是这个别致而精巧的函套，因此除了保护功能外，书函还起到了装饰与宣传的作用。如图2.17所示的《西域考古图记》一书，封面用残缺的文物图像磨切嵌贴，并压印上探险西域的地形线路图。设计师同时为一套5册精装的书籍设计了一个十分精致的书函，函套本加附敦煌曼荼罗阳刻木雕板。木匣本着用西方文具柜卷帘形式，门帘雕曼荼罗图像。整个形态富有浓厚的艺术情趣，激起人们对西域文明的神往和关注。

图2.17　《西域考古图记》

2.2.2 腰封

腰封也称"书腰纸"，护封的一种特殊形式，它是包裹在图书封面中部的一条纸带，属于外部销售性装饰物。腰封一般用牢固度较强的纸张制作。包裹在书籍封面的腰部，宽度约为该书封面宽度的三分之一。腰封除保护书籍作用外还起到补充说明或促销、增加艺术感的功能。腰封上的主要内容多为书籍的宣传语、出版商的广告、丛书介绍等信息，在设计的图形与色彩上多以醒目活泼的形式来吸引读者的关注。腰封常见于文学小说类的书籍中使用（图2.18）。

图2.18　腰封

好的腰封设计是与封面融为一体的。如图2.19所示的《阿狸·梦之城堡》一书，设计师巧妙地将书籍"阿狸"设计成腰封，使书籍更加具有立体感。并且可以任意变换位置，正好迎合儿童类书籍活泼、互动的特点，是一个十分有创意的腰封设计。

图2.19　《阿狸·梦之城堡》的腰封设计

2.2.3 订口、切口

　　书籍装订的一边称之为订口，通常情况下，由于书脊关系我们无法看清订口的内部。除了订口以外的三个边为裁切边，我们通常称之为切口。上切口是书的顶部，又称为"书顶"，下切口是书籍的下部，也叫"书根"（图2.20）。

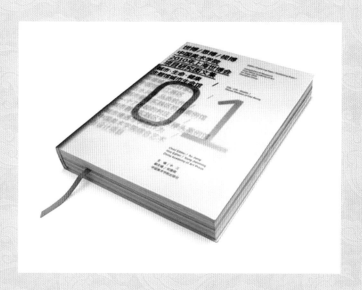

图2.20　书的订口和切口

2.2.4 飘口

　　飘口是指精装书刊经套合加工后，书封壳大出书芯的部分。三面飘口一般情况为3mm，也可根据书刊幅面大小增大或缩小。飘口的作用是保护书芯，而且使书籍外形美观（图2.21）。

图2.21　飘口

2.2.5　书签条

　　书签条又称为书签带，书籍装订时将其粘在订口上方，通常用丝带、布带等材料，可以充当书签的功能（图2.22）。

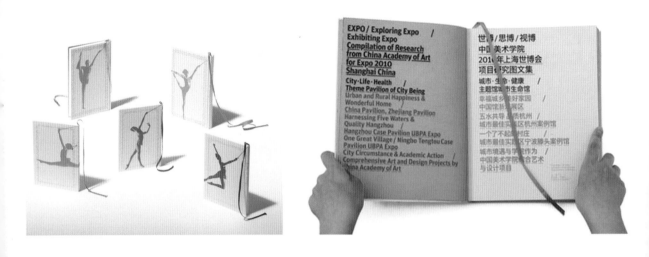

图2.22　书签条

2.2.6　堵头布

　　堵头布，也称花头布、堵布。是一种经加工制成的带有线棱的布条，用来粘贴在精装书芯书背上下两端，即堵住书背两端的布头。作用有两个：一是可以将书背两端的书芯牢固粘连；二是可以装饰书籍外观。如大型的工具书、字典、词典常使用堵头布（图2.23）。

图2.23　堵头布

2.2.7 书槽

书槽也称书沟或槽沟。通常出现在页码较多、书籍较厚的精装本中。书籍到了一定的厚度，在翻阅时由于纸张的厚度往往出现无法完全打开的情况，书槽在精装本套合后封面和封底的书脊连接部分压进去的两个沟槽，为书籍的翻阅腾出了空间，可以有效地打开书籍内页（图2.24）。

图2.24　书槽

2.3　书籍形态选择的规范性原则

书籍形态是一本书的形与神，具有个性特征的书籍造型第一时间就能抓住读者的视线，使读者在瞬间对书籍产生兴趣，进而去阅读它。因此我们在对一本书籍进行装帧设计策划前，首先应当考虑的是如何根据书籍的实际情况合理地来选择书籍的形态。正确地选择书籍形态将是我们迈出书籍装帧成功的第一步，在此必须考虑以下几个原则的规范性。

2.3.1　根据书籍的类别选择形态

书籍根据其内容及面向读者的不同，可以分为文学类、社科类、少儿类、工具类、艺术类等，不同类别的书籍应该选择不同的装帧形态。如古籍类、文学类的典藏书籍，在书籍出版之后往往需要长时间收藏与陈列，因此这一类的书籍装帧往往会设计较为精美的书函以提升它的文化性与艺术性。同时在封面的设计上多为采用精装的设计手法，对于环衬、扉页的设计较为讲究，护页、空白页、书名页（正扉页）、版权页、赠献页（赠献辞、感谢语、题词）、目录页、目录续页设计较为全面（图2.25）。

社科类的书籍其内容较为平实，同时每册图书定价也相对低廉，这类书籍在装帧形态上的选择则多为普通的平装设计。同时也很少设计独立的环衬页，通常情况下将环衬与扉页合二为一，设计导读性更强的环扉作为书籍的内封。在扉页的设计中也多停留在书名页、版权页、目录页上（图2.26）。作为休闲文化的文学小说类书籍，为了提高书籍的销量，吸引读者的视觉，在书籍形态的设计中往往会采用护封、腰封的形态来提高书籍的整体美感，起到促进图书销售的作用。

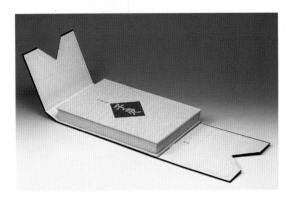

图2.25 典藏书籍的装帧设计

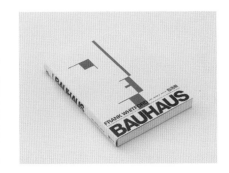

图2.26 社科类书籍的装帧设计

2.3.2　根据书籍的内容选择形态

书籍装帧的形态选择与书籍的内容、容量的多少有着直接的关系。如以图片、图形类为主书籍往往会考虑选择较大开本的书籍尺寸，同时由于书籍大小的问题，在形态的选择上往往不会使用前后勒口来增加书籍的翻阅难度。又如字（词）典、档案年鉴类书籍装帧形态的设计中，由于内容文字信息量巨大的，往往在设计时会增加飘口来保护书籍内页，设计堵头布来保护书籍的订口使其更加牢固，设计书槽来提高书籍使用的便捷性（图2.27）。

图2.27　词典类书籍的装帧设计

2.3.3　根据书籍的材料及印刷选择形态

书籍材料与印刷工艺的选择不同，往往决定了其书籍形态与结构的策划。书籍制作中往往考虑到书籍的售价、面向读者群的不同，即使同一款书籍也有精装、平装之分。在一些精装书籍中，由于书籍装帧设计师没有过多的出版价格的约束，因此在书籍形态上考虑得较为复杂而全面，在书籍材料的选择上较为别致，以皮革、布、木头、塑料来替代传统的纸张作为封面。在印刷工艺上也采用各种新工艺、新技术如激光、UV、凹凸印等来取代传统的四色印刷技术（图2.28）。

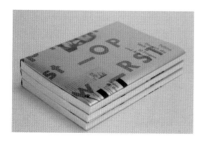

图2.28　精装书的装帧工艺

相反，对于大量日常工具类书籍，由于书籍的材料与印刷工艺的局限，在书籍形态的设计上也只是选择一些最为常规便捷的常态结构。

2.3.4　根据书籍的读者选择形态

由于读者群的性别、年龄、职业、文化程度的不同，对于书籍的要求也有着不同层次的特点需求。少儿类的书籍由于儿童活泼好动，参与性强的天性，在书籍形态的设计时往往会独树一帜、别具创意，给书籍设计立体的、可爱的不同造型的腰封和护封来吸引小读者的互动兴趣。如这本《四合院》结合少年儿童的阅读喜好在选择大开本的同时，将部分画面设计为打开时立体的呈现效果，并使用了卡通插图的艺术画面，大大增加了儿童阅读时的趣味性和识别性（图2.29）。这些设计都是根据儿童心理、生理的需求角度出发而进行设计的。

教材类书籍在书籍形态设计中往往删去装饰促销性功能的部分，形态较为简单但又不失文化性与创造性（图2.30）。

图2.29　《四合院》

图2.30　《创意设计——标志》的装帧设计

2.4 书籍装帧设计的原则

2.4.1 整体性

书籍装帧设计的本质是要潜移默化地感染人，并给人以美的享受。书籍装帧设计的各个环节不仅需要出版商、作者、编辑、审稿人、设计者、印刷商、销售商紧密配合、协调一致，更要在艺术创作、形态开本、印刷工艺等方面形成高度的协调。在艺术创作时要充分考虑到设计画面与书籍内容的整体性、审美价值与使用价值的整体性、设计创意与书籍主题的整体性、书籍形态与印刷工艺的整体性（图2.31）。如果是系列丛书，其设计风格中更加需要保持每册书籍之间的文字、图形、编排风格的整体协调性（图2.32）。

图2.31　书籍装帧设计的整体性

图2.32　系列丛书的整体协调性

2.4.2 立体性

书籍装帧不同于其他平面设计作品，它是一个三维立体的艺术产品，在使用时是反复的运动流通的。所以在书籍装帧设计时，不但应考虑书籍形象封面的视觉性，同时更需要注意的是书籍视觉的流动性与导入性，考虑到书籍陈列时候的展示效果（图2.33）。

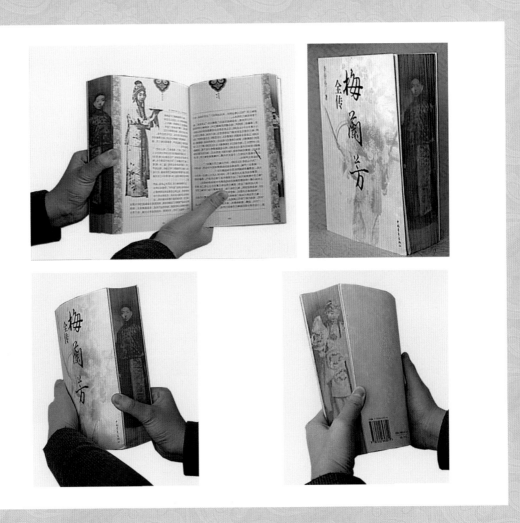

图2.33 书籍装帧设计的立体性

2.4.3 艺术性

书籍装帧设计应该具有独立的审美价值。艺术性原则不仅要求书籍整体设计充分体现艺术特点和独特创意，而且要求具有一定的艺术风格。这种风格既要体现书籍的内在内容、书籍的性质和门类，更要体现出一定的时代气息和民族特色（图2.34）。

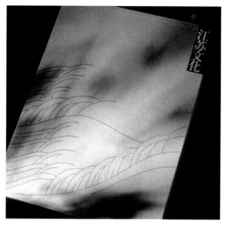

图2.34　书籍装帧设计的艺术性

2.4.4　工艺性

在现代书籍设计中，利用纸张和材料来体现设计风格已很普遍，不同纸张代表不同性格，应用在不同内容的书籍中可传达出不同的装帧艺术语言。有时一些书籍的设计不是通过图形、色彩来吸引读者，而是利用印刷工艺中的各种技法来取得极佳的视觉效果。还有能发出声音和气味的书籍，打开后呈立体的形态（图2.35）。

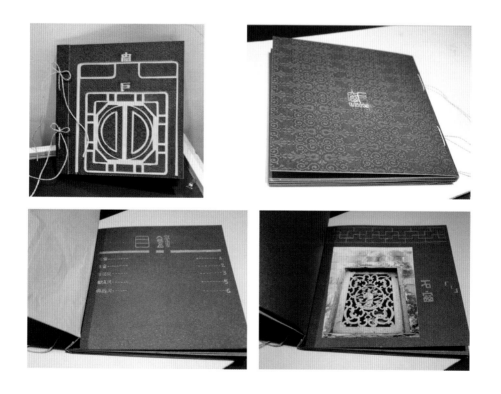

图2.35　书籍装帧设计的工艺性

2.4.5　实用性

　　书籍作为信息文明传播的载体，在书籍设计时必须考虑到不同层次、不同文化背景、不同年龄、不同职业读者的需求。从书籍的流动与阅读的便捷方面来考虑设计，同时还应充分考虑读者经济上的承受能力与审美的需求，起到提高读者阅读兴趣及导向的作用。如这套*UP，UP I GO*这套儿童识图的书籍，在书籍设计的形态上采用了多种灵活的工艺手法，除了在设计的视觉上保持色彩明快、图形可爱的儿童特征之外，打破了常规的书籍装订形式。游戏式的识图卡片为书籍增添了互动，使书籍突破了传统的二维阅读的范畴，使得书籍更加立体，更加实用（图2.36）。

图2.36　书籍装帧设计的实用性

2.4.6　书卷性

　　书籍作为最古老的信息传播载体本身具有一种独特的文化内涵。上下五千年的文明使得人们对书有一种特殊的情感。在书籍装帧设计时结合书籍自身内容来寻找创作灵感，以受众心理、精神元素出发为设计语言，将民族文化内涵与书卷神韵完美融合，这样的设计整体连贯又不失书香神韵。如《台湾当代·玩古喻今》整本书的设计从中国古典元素出发，在简洁的封面上利用扇形十分精巧的展现出书名，让人内心迸发出阅读的冲动。同时内页的版式图文结合，竖式的排版方式让人联想到中国古代几千年来的书籍编排形态，整本书书香四溢，让人情不自禁的想品读起来（图2.37）。

图2.37　书籍装帧设计的书卷性

实训二　《九命猫》书籍装帧草图及方案

实训任务

（1）要求从书籍主题内容、价格定位、读者年龄层次等多方面进行考虑，为书籍选择合适的装帧形态结构。

（2）通过铅笔速写形式对书籍进行草图方案稿设计，草图方案稿应能够体现书籍各个展示面的基本效果和主要形态特点（见下图）。

（3）从字体、色彩、图形的角度出发对书籍封面设计风格进行重点的思考。

（4）项目完成时间：8课时。

实训设计：朱莹

指导：郭恩文

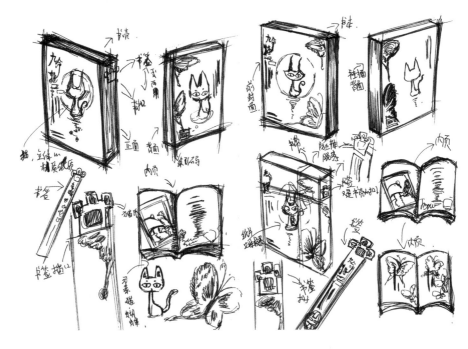

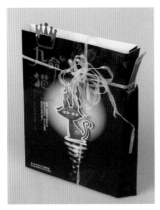

实训三 《人生若只如初见》书籍装帧形态草图方案稿设计

实训任务

（1）要求从书籍主题内容、价格定位、读者年龄层次等多方面进行考虑，为书籍选择合适的装帧形态结构。

（2）通过铅笔速写形式对书籍进行草图稿设计，草图方案稿应能够体现书籍各个展示面的基本效果和主要形态特点（见下图）。

（3）从字体、色彩、图形的角度出发对书籍封面设计风格进行重点思考。

（4）项目完成时间：8课时。

实训设计：李高珂

指导：郭恩文

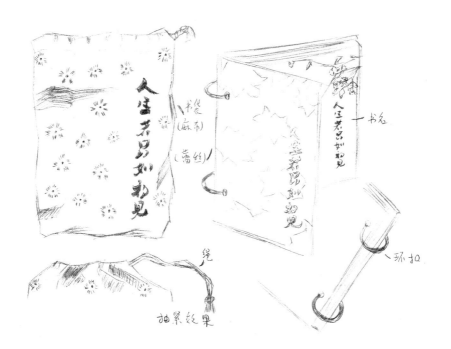

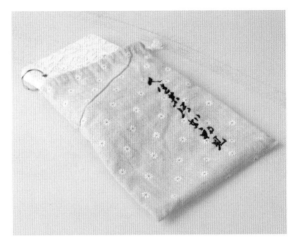

第三章　书籍的开本及装订样式

学习目标

通过本章的学习让学生掌握如何根据书籍的类型与定价合理设定书籍的开本大小，同时根据书籍内容与读者对象选择最为科学合理的装订方式。

学习任务

根据目标书籍的实际受众情况以及出版商要求的开本设计。在设计中充分考虑装帧形态，以及开本大小、装订方式的实用性与科学性。

任务分析

本章的任务重点为如何从书籍类型、内容、读者群、定价、形态等元素出发来科学设计书籍的开本、以及装订形式。建议通过对同类书籍进行市场调研横向对比总结经验，从而确定符合实际需求的书籍开本及装订方式。

3.1 书籍的开本

3.1.1 什么是开本

开本又称开数，是指书籍幅面大小，是装帧设计，以及印刷技术中的专业术语。通常把一张按国家标准分切好的平板原纸称为全开纸。在不浪费纸张、便于印刷和装订生产作业的前提下，把全开纸裁切成面积相等的若干小张称之为多少开数；将它们装订成册，则称为多少开本。一张全开的印刷纸张裁切为多少页即为多少开，常见的有16开、32开、64开等。不同类型的书籍所选择的开本大小各不相同，好的开本不但给读者带来良好的第一印象，同时还能体现出书籍的实用性与艺术性。通常小开本的书籍显得精致小巧，更加便于读者随身携带，如40开、46开、50开、64开等。但是生活中大部分的书籍都是我们常见的中型开本，普遍在16开~32开之间，这类开本适用范围广，各类书籍均可应用。通常12开以上的开本我们称之为大开本，主要用于一些杂志、画册、期刊、图集之类的以图片为主的书籍。

3.1.2 开本的尺寸

对于一张全开纸来说，由于国际、国内的纸张幅面有几个不同系列，因此虽然它们都被分切成同一开数，但其规格的大小却不一样。尽管装订成书后，它们都统称为多少开本，但书的尺寸却不同。目前最常规的印刷正文纸有787mm×1092mm和850mm×1168mm两种。把787mm×1092mm的纸张均等切成16页，得到的大小我们称为16开，切成32页得到的大小我们称之为32开。由于国际、国内市场上受到纸张规格，以及印刷机器规格的影响，并不是所有的同一开本的大小尺寸都保持一致（表3.1至表3.2）。

表3.1　常用开本幅面尺寸比较（单位：mm）

开本	切净尺寸		全开纸张幅面
	宽度	高度	
8	260	376	787×1092
大8	280	406	850×1168
大8	296	420	880×1230
大8	285	420	889×1194
16	185	260	787×1092
大16	203	280	850×1168
大16	210	296	880×1230

开本	切净尺寸		全开纸张幅面
	宽度	高度	
大16	210	285	889×1194
32	130	184	787×1092
大32	140	203	850×1168
大32	148	210	880×1230
大32	142	210	889×1194
64	92	126	787×1092
大64	101	137	850×1168
大64	105	144	880×1230
大64	105	138	889×1194

表3.2　其他全开纸张开本幅面尺寸比较（单位：mm）

开本	切净尺寸		全开纸张幅面
	宽度	高度	
16	165	227	690×960
16	171	248	730×1035
16	188	297	787×880
16	232	260	960×1092
32	113	161	690×960
32	124	175	730×1035
32	130	208	880×1092
32	147	184	889×1194
32	115	184	787×1230
32	140	184	787×1156
32	130	161	690×1096
32	169	239	1000×1400
64	80	109	690×960
64	84	120	730×1035
64	104	126	880×1092
64	92	143	787×1230
64	119	165	1000×1400

3.1.3 纸张的开切法

我们通常在书籍的版权页中能够看见，例如"规格210mm×285mm 1/16"这样的文字，这说明此本书籍的幅面大小为210mm×285mm，16开。不同的书籍适合不同形状的纸张，在书籍印刷中要尽量利用纸张的大小，减少浪费，降低成本，就要选择适合此书籍的纸张开切法。通常情况下纸张的开切法可以分为如下几类。

1. 几何级开切法

几何级开切法是指将全开纸张按照反复等分的原则开切，这种完全等分的开切方式是最经济、合理、高效的开切法，纸张裁切后没有损耗，利用率为100%。同时也便于印刷机器的折页装订。不足之处在于，开数的跳跃性较大，开本机动性不够灵活（图3.1）。

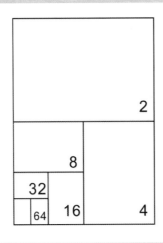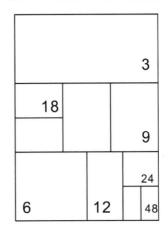

图3.1　几何级开法示意图

2. 直线开切法

直线开切法是将全开纸横向和纵向均分直线切开。这种开法纸张利用率也很高，且开切尺寸灵活，不足开切尺寸有单数、双数的可能，若形成3开、5开、9开、15开、25开的单数开本就不能用机器折页，给印刷和装订带来不便，影响印刷装订时间（图3.2）。

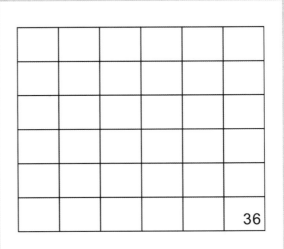

图3.2　直线开切法示意图

3. 纵横混合开切法

混合开切法是全开纸纵向、横向开切方式都有，开出的小页有横向，也有纵向的，不能直接开切到底。这种开切方式的尺寸可以根据书籍的不同需要而进行开切组合，十分灵活。不足之处是由于不能直接开切到底，给印刷工艺带来困难，给后期装订带来不便，同时还容易造成纸张的浪费，增加成本（图3.3）。

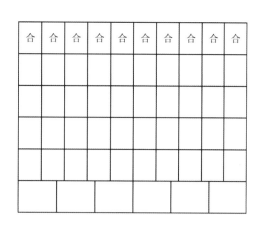

图3.3　纵横混合开切法示意图

4. 异形开切法

异形开切法是指由于有些书籍特殊的需要，在尺寸上异于平常，在形状上也不同于平常的矩形，有圆形、三角形或者其他特殊形状，我们通常称为异形开本书籍（图3.4）。这样的开本设计具有独特性与唯一性，但同时对纸张的使用率较低，容易造成纸张的浪费，增加成本。

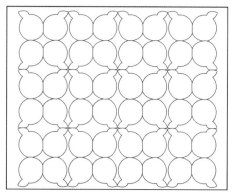

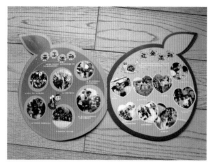 

图3.4　异形开切法示意图及范例

3.2　确定书籍开本大小的因素

3.2.1　根据书籍的性质与类型确定开本

　　书籍的宽窄带给读者最直观的印象。开本窄的书籍显得瘦长精致，宽开本的书籍给人大气浩瀚的纵横之感，标准尺寸的开本给人以四平八稳之感。设计开本时主要应考虑书籍的类型和性质上的需要。如诗集、小说文学类，以及一些字典、词典等常用的工具书多选择狭长的小开本。一是便于读者携带，书不宜过重；二是文学类的书籍段落转行多，狭长类的开本便于读者快速阅读（图3.5）。少儿类读物、画册多采用宽大开本，这是因为这类书籍以插图、图片形式为主，图与图之间大小也常有不统一，从图片大小以及纸张的节约上来考虑多选择大开本（图3.6）。而教材、科普类的书籍一般都采用标准的16开、32开的开本。一是便于读者阅读时更加具有良好的视觉舒适度；二是可以降低成本，以更为经济的定价方便大众（图3.7）。

图3.5　狭长类开本

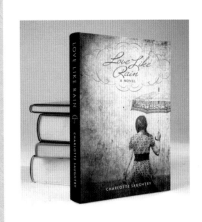
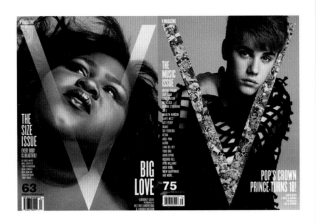

图3.6　大开本

图3.7　经济而方便使用的开本

3.2.2　根据读者对象与定价确定开本

开本大小的确定与读者的年龄、职业，以及书籍的定价有着紧密的关系。如老年类的读物，因为老年人的视力老化、衰退，书籍的文字比标准的要大些，因此开本也需大一些。少儿类的书籍，由于插图较多，同时书籍开本过窄、过小不利于儿童的翻阅，也应设计为宽开本（图3.8）。

对于一些工具词典类书籍，由于经常被携带，随时需要查阅，这类书籍开本往往被设计成窄长类的小开本（图3.9）。

此外，由于印刷工艺与纸张成本往往大开本的书籍会高于常规开本的书籍，因此在定价上也会较高，这也是影响书籍开本的因素之一。

图3.8　外国儿童读本

图3.9　工具词典类书籍

3.2.3　根据原稿篇幅的内容确定开本

　　书籍内容和篇幅的长短也是直接影响书籍开本的重要因素。几十万字的书籍与几万字的书籍在开本的选择上必定是不同的。几万字的书籍就应该选择小开本的尺寸，这样书籍才会显得厚重而内容丰富，反之则会显得单薄空洞。而篇幅大的书籍则应当选择大开本，小开本则会显得笨重（图3.10）。

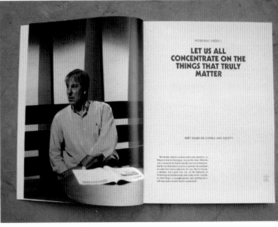

图3.10　根据篇幅确定开本

书籍装帧

3.2.4　根据书籍视觉审美确定开本

　　从书籍的视觉审美角度来选择书籍的开本大小，这完全取决于设计师根据书籍的实际情况进行创作发挥的需要。在资金充裕的条件下，开本设计可以大胆而创新地选择各种异型开本来提升书籍的视觉美感，从而吸引读者的注意。可以选择方形、圆形、三角形各类特定设计的异形甚至是夸张的概念书籍都是可行的（图3.11）。

图3.11　根据视觉审美确定开本

　　但是，无论什么样的书籍开本设计，只要遵循一切从书籍的内容出发，一切从读者的角度出发，所设计开本必定会符合读者的需要，这是书籍设计永恒不变的原理。

3.3　书籍装订的形式

　　书籍从撰稿、校稿、排版、印刷到装订已是一本书籍即将完成的最后阶段。书籍的装订包括装和订两个部分。装是指书籍封面部分的加工，订是指书籍书芯部分的加工。

　　前面我们所提到的中国古代书籍发展的历史也就是书籍的装订艺术的发展史。从结绳记事开始到甲骨文、青铜铭文（远古、周），再到简牍装（周、秦）、卷轴装、旋风装（汉、唐）、梵夹装（汉、唐）、经折装、包背装（唐、宋），最终到了线装（明、清）。而现代书籍随着科技的发展，除了少数仿古类书籍外各种各样的装订方式应运而生。设计师应全方位、多角度地掌握各种装订方式，并充分考虑装订方式所带来的视觉效果，以及成本变化。本书将围绕我们熟知并广泛应用的平装与精装两大类的装订样式进行说明。

3.3.1　平装书籍

　　平装又称为简装，是现代最常见的一种书籍装订形式。通常以纸质软封面包背。装订形式简单，成本低廉同时便于大量开本印刷。平装书籍的装订方式一般有骑马订、平订、锁线订、无线胶背订、锁线胶背订、活页订等几种。

　　1. 骑马订

　　骑马订是指将内页与封面一起在书脊的折口处用铁丝钉子进行装订，因为装订时如同人骑在马上的动作，故称为骑马订。骑马订的优点是装订工艺简单、周期短、成本低廉。缺点是这种装订方式只能装订一些较薄的书籍，书籍对折后超过一定的厚度，切口处就会因为纸张固有的厚度呈现梯形状，影响切口的完整性，一般骑马钉的书籍以不超过40页为宜，多用于页数较少的企业内刊、画册、杂志等（图3.12）。

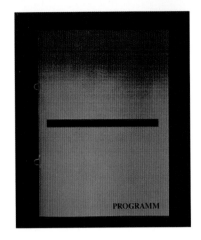

图3.12　骑马钉

2. 平订

　　平订是将印好的书页经折页、配帖成册后，在钉口一边用铁丝钉牢，再包上封面的装订方法。平订运用十分广泛，不少市面上常规的书籍，其装订方式都是平订。优点是这种装订方式操作简单且坚固耐用。缺点是需要占用一定宽度的订口，使书页不能完全打开，不易阅读中缝的图片与表格（图3.13）。

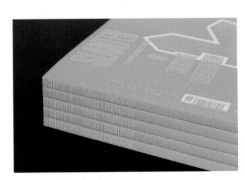

图3.13　平订

3. 锁线订

锁线订是将印刷配页后的书籍内页从折口背脊处用线串联起来成册，再将若干册页串联组成书芯，再包上封面三面切口，裁切整齐成书。其优点是这种装订方式使书籍牢固度高，使用寿命长，结实耐用，书页能够摊平，同时可以装订任何厚度的书籍，是现在最常用的书籍装订方式。字典、词典、百科全书、文学著作、艺术图集等较厚的书籍都采用这种装订方式；缺点是装订速度较慢（图3.14）。

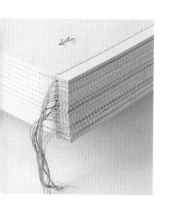

图3.14　锁线订

4. 无线胶背订

无线胶背订也称胶装，也是一种使用非常广泛的装订方式。它是先将书脊裁切整齐，纸张全部独立成页，然后用胶粘剂粘与书脊脊背，使其粘结牢固。优点是这种装订方式平整度好。缺点是由于书脊直接用胶水粘结，使得书籍无法完全打开，随着时间的推移容易产生脱胶的现象，只适合较薄的书籍装订，常用于日常所见的杂志、小说（图3.15）。

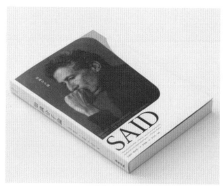

图3.15　无线胶背订

5. 锁线胶背订

锁线胶背订也称锁线胶粘订，是将"锁线"与"胶粘"两种装订方式相结合的装订方式。先用线将整书分册串联，再用胶粘剂将书脊脊背粘住。这种装订方式集"锁线"与"胶粘"两种装订方式之所长，牢固耐用而且可以装订任何厚度，在平装、精装书籍中均被广泛地运用（图3.16）。

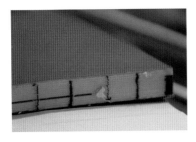
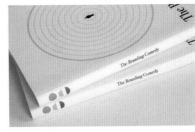

图3.16 锁线胶背订

6. 活页订

活页订又称为环订，与其他装订方式相比是最为灵活的一种装订方式。是对裁切整齐排序完成的书页在订口处打孔，再放在特别设计的机器上将金属环扣装上。优点是这种装订方式灵活具有个性，能随时增加书页、更换内容以及调整书页顺序。缺点是圈装打孔时需要占用页面一定的宽度，一般版心要偏离订口7~12mm（图3.17）。

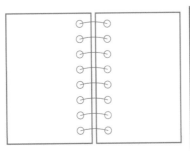

图3.17 活页订

3.3.2 精装书籍

精装这种装订方式是现代书籍的主要装订形式之一。相对于平装书籍，精装书籍是书籍装订中比较讲究，工艺较为复杂的一种装订形式。主要特点是精装类的书籍一般封面是由纸板、皮革、布料等材料通过压平、割书槽、堵头布等各项工艺制成较硬的书壳或者护封，并且通过环衬、多种扉页对书籍内页进行保护，印刷工艺讲究，装订工序复杂。这类书籍设计精美、结实耐用，主要用于经典专著、画册、收藏文献、词典等对书籍工艺要求较高或者页数较多需长期保存的书籍。精装书籍一般又可以分为圆背精装、方背精装，以及软绵精装三大类。

1. 圆背精装

圆背精装最主要的特点是书脊订口，以及书口除呈半圆形突起，较厚的书籍都采用此类装订方式。如工具书、字典。优点是圆背精装能增加厚度感，有柔软、饱满、典雅的感觉（图3.18）。

图3.18　圆背精装

2. 方背精装

方背精装的书脊呈现平直方正，书脊微微高于书芯，与平装书籍的书背类似。但其一般都是用硬纸板材料作为书籍的封面，对书籍内页进行保护。优点是方背精装给人平整、朴实、挺拔有现代感的特点（图3.19）。

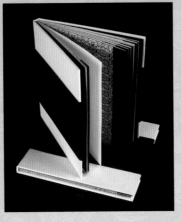
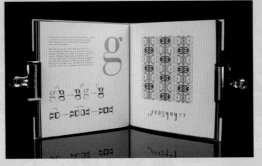

图3.19 方背精装

3. 软绵精装

软绵精装的书籍与圆背、方背相比最大的区别是其没有坚硬的封面与书脊。通常封面是由布料编织物、卡纸等一些软性材料来装订。优点是软绵精装给人轻柔、活泼、具有创意个性感（图3.20）。

图3.20 软锦精装

实训四 儿童读物开本与装订形态设计

实训任务

（1）要求从儿童故事书的类型特点出发，在充分了解儿童对书籍的特定心理、生理的需求喜好入手进行设计创作。

（2）重点是根据书籍的内容确定合适的开本大小，以及选择合理的装订方式。

（3）在装订形式设计上尽可能做到尊重科学实际需要的同时寻求创新突破。

（4）项目完成时间：15课时。

实训设计：吴佳佳

指导：郭恩文

作品见下图

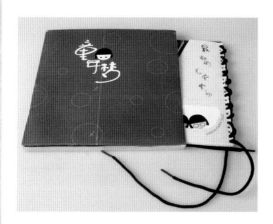

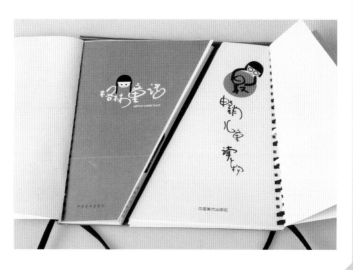

第三章 书籍的开本及装订

样式

实训五　休闲类读物开本与装订形态设计

实训任务

(1) 要求从书籍的内容特点出发，在充分了解此类书籍读者的特有的心理与
生理的需求喜好入手进行设计创作。

(2) 重点是根据书籍的内容确定合适的开本大小，以及选择合理的装订方式。

(3) 在装订形式设计上尽可能做到尊重科学实际需要的同时寻求创新突破。

(4) 项目完成时间：15课时。

实训设计：叶少华

指导：郭恩文

作品见下图

第三章　书籍的开本及装订　样式

第四章　书籍的封面设计与创意构思

学习目标

通过本章的学习让学生掌握如何根据书籍的内容，以及读者群的特点对书籍的封面进行创意构思设计，同时明确书籍封面的设计范围包含封面、封底、书脊，以及护封等环节。通过对整个书籍封面的设计，掌握如何处理书籍封面中的图形、文字、色彩，以及编排中的规律与技巧。

学习任务

可以运用前面各章所设计的书籍装订形式与开本，同时结合书籍的主题内容，运用书籍封面设计的创意构思规范，以及文字、图形、色彩的设计三要素对书籍封面进行设计。

任务分析

本章的任务难点是如何用直观准确的封面设计体现书籍的内容主题，同时从立体空间的角度出发如何将封面、二封、三封、封底、书脊、勒口各个书籍部位做到既要风格整体统一，又要功能互为独立。重点是在设计时保持书籍封面各个部分图形、色彩、字体的合理运用与一致性。

4.1 书籍封面设计的构成要素

书籍的封面是书籍装帧设计中最重要的组成部分，是书籍最直观的对外宣传的窗口。书籍的封面犹如交响乐中的序曲，不但是整个书籍内容精华的索引，更加起到为读者引导的作用。可以说封面是书籍的脸面，是一位无声的推销员。

本章所提及的书籍封面设计并非仅仅指狭义上的书籍最外面的彩色那一页。从广义上讲，封面起到保护、装饰、说明、宣传书籍的作用，包括护封、封面、护页、书名页、勒口、环衬、书脊、封底等多个部分组成。以上部分并非每本书籍都有，通常精装硬壳类的书籍没有勒口的设计，大多数平装的书籍没有护封，但封面、书脊、封底这三个部分不论是何种书籍都是必须存在的。书籍封面的每个部分根据其功能的不同都有其特定的构成要素：封面通常的构成要素包括书名、副书名、作者名（如果是翻译的书籍要标明原作者国籍、译者名）、出版社名等基本信息。书脊的构成要素包括书名、作者名（外国作者要标明国籍和译者姓名）、出版社名称和特定的标志等。封底的主要构成要素包括书号、定价、ISBN条码，有些书籍还会出现内容简介、书籍描述、系列丛书目录等信息。

4.2 书籍封面设计的创意构思

4.2.1 概括书籍的内容

在本书第一章内容中我们讲到现代书籍一般大致可分为六类，即社科类书籍、文学类书籍、古籍类书籍、少儿类书籍、艺术类书籍和工具类书籍，各类书籍的内容不同，设计时的立意就不同。优秀的书籍封面设计能够准确地展现书籍的种类特点，从书籍的内容出发，不同读者群对生活、对知识的了解是各不相同的。用最准确、最直观的图形语言来概括书籍本质的内容，让读者能够第一时间通过阅读封面了解到本书籍的创作题材，以及主要内容是封面设计中首要考虑的因素（图4.1～图4.3）。

如《走遍法国》这本书籍，虽然是一本学习法语的参考书籍，但是设计师在封面设计上将法国地图与凯旋门放置在封面的显著位置，让读者能够在第一时间感受到本书将通过法国地理文化的介绍来学习基本的法语知识（图4.4）。

如 *FibreShield* 这本书，从它封面上那张具有代表性的摄影作品我们第一时间就能感受到这是一本介绍美丽胜景的摄影画册（图4.5）。

图4.1　《东方神起》/吕丹

图4.2　《回眸》/陈竹君

图4.3《经典希腊神话》/梁微

图4.4　《走遍法国》

图4.5　*FibreShield*

4.2.2　发挥艺术的联想

在封面设计中，另一个十分重要的特点就是作品能给读者艺术的联想，让读者产生解开谜题的冲动。一本数万字乃至数十万、百万字的书籍内容情节包罗万象，错综复杂，要想在16开、32开小小的幅面中尽情地展现其内涵，再优秀的设计师可以说也是无法办到的！要想准确形象地展现书籍的内涵，设计者必须在充分了解书籍主题思想的情况之下，将内容进行提炼，并通过封面图形所表现的形象去联想到更多的内容，获得更多的创造自由。一幅成功的封面作品，能恰如其分地展开艺术联想，由此及彼，由表及里，使读者得到美的享及心灵的诱惑。如果离开了对形象的感受去任意想象，就不是艺术的联想。因此书籍封面的设计表现手法越是隐蔽，越是能够激发读者的艺术联想，激发阅读的欲望（图4.6至图4.8）。

如*PLAYBOY*这本书籍，通过真实的模特照片与标志的剪影相结合，使得画面不但增加了层次感，更给人增添了艺术的联想，多了一丝神秘（图4.9）。又如 *DOWN&DELIRIOUS IN MEXICO CITY* 通过将一个玛雅时期典型的图腾进行艺术化的图形加工处理，使得读者仿佛能够透过这个神秘的图腾看透墨西哥城市千年的兴衰（图4.10）。

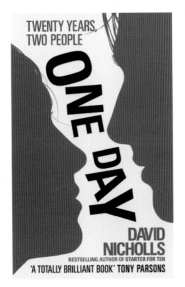

图4.6 *ONE DAY*

图4.7 *ELEPHANT*

图4.8 *Starting Over*

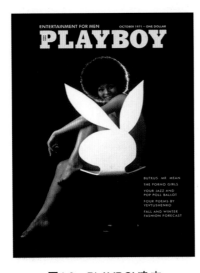

图4.9 *PLAYBOY* 杂志

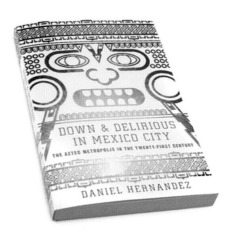

图4.10 *DOWN&DELIRIOUS IN MEXICO CITY*

4.2.3 寻找趣味思维

　　书籍的封面是整本书籍内容的外在表现，想要吸引读者，提高书籍图形的趣味性是增加书籍销量，以及刺激读者阅读兴趣最直接的方式。设计师必须对书籍封面的审美趣味性进行立意思考，或是运用夸张变形的图案，或是利用点、线、面，以及简单的图形按照主观意图进行抽象变形，或是利用约定俗成的寓意图形等手法不断地、别出心裁地保持封面的视觉趣味性来引起读者的兴趣（图4.11和图4.12）。

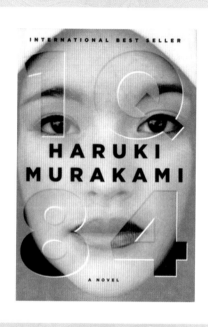

图4.11　*HARUKI MURAKAMI*　　　　　　　　图4.12　《把最胖的扔出去》

4.2.4 寻求创新突破

　　作为书籍装帧的设计者，书籍是否能够在众多的书籍中脱颖而出，除了书籍本身的内容要引人入胜之外，最重要的一点是创作形式一定要新颖，不能落入俗套。尤其是书籍的封面除了图形本身的新颖、色彩的炫目及版面编排的个性化等因素之外，还考虑到书籍封面结构上的创新突破，如采用开窗式、抽出式的互动性封面设计来获得吸引读者的注意（图4.13）。设计是往往采用大胆创新的设计思路为书籍封面起到画龙点睛的作用。

　　如图4.14所示，《找自己》这本书籍在封面的设计中就非常具有创新性。这本画册的封面在显要的位置做了一个大小合适的矩形窗口，内页中的人物造型通过抽出式的方式可以不断地调整画面，书籍的封面在读者的抽出互动中不断变化图形，使人耳目一新。

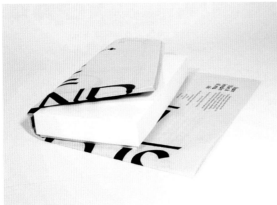

图4.13　开窗式和抽出式封面设计

图4.14　《找自己》／潘赞名

4.3 书籍封面设计的图形

　　图形具有直观明确的视觉优势，是现代平面设计中重要的视觉元素之一。图形的表现超越各种文字，图形跨越国界跨越民族，通过图形语言的交流使得不同国家、不同民族的人们都能读懂其传递的信息。在书籍封面有限的空间上，图形在整个面积中所占有的面积往往是最大的。通过各种类型的图形的渲染，给读者传递出不同的内心情感，或温馨浪漫，或活泼可爱，或荒诞搞怪，或内敛严谨（图4.15）。不同的图形所传递的情感表达出书籍最本质的内涵。同时图形强烈的视觉冲击力使书籍与读者之间架起了一座心灵沟通的桥梁。

图4.15　封面设计的图形

　　书籍封面上的图形根据形式来分可以分为几何图形、装饰图案、绘画作品、摄影图片、卡通图案、插画、电脑绘图等。不同的图形在设计师的设计布局总有着不同的使用功能，有的图形起到点明书籍主题的作用，有的图形起到对书籍内容辅助说明的作用，还有一些图形起到对版面视觉装饰的作用。因此按照上述功能分可以分为直观性图形、解说性图形及装饰性图形三大类。

4.3.1　直观性图形

　　直观性图形指的是描述了与书籍内容直接相关的视觉形象图形。这类图形的运用直截了当地阐明了书籍的主题思想，在某种意义上说图形起到了书名的作用，读者在看到图形的同时已经能够直观地知道这本书籍的主题内容（图4.16）。这类图形的运用通常出现在个人传记、旅游手册这类书籍中。

　　如图4.17所示《旗袍》这本书，设计师开门见山将一个身穿旗袍的模特置于封面的显要位置，同时配以装饰性的图案，使读者一目了然地明白这是一本介绍中国旗袍文化的书籍。又如《我的立场》这本书籍（图4.18），从书籍的封面我们就不难看出这是一本以著名球星贝克汉姆为题材的传记。同时书籍在设计中将英国的十字旗巧妙地设计在书籍封面中，即交代了主人公的国籍又具有很强的装饰效果。

 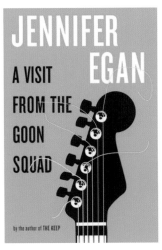 

图4.16　直观性图形

图4.17　《旗袍》／侯乐燕

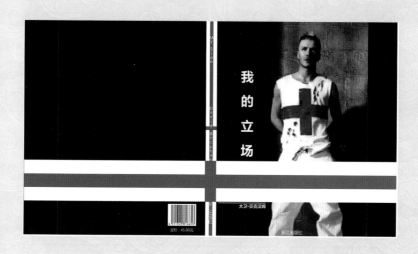

图4.18   《我的立场》

4.3.2   解说性图形

解说性图形是指通过象征、寓意、想象等方式建立读者与书籍内容之间间接的联系，以艺术联想、夸张、类比等方式来对书籍内容进行暗示解说。解说性图形具有较强的想象空间，读者往往通过图形的暗示与解说对书籍的内容存有想象，促进阅读的欲望（图4.19）。这类图形的在封面设计的运用中较为广泛，如诗歌、小说、科普读物等。

图4.19   解说性图形

如《传统文化——老北京》这本书籍在封面的图形设计上采用了半个老北京胡同墙门上典型的铜狮门环，通过这个具有代表性的门环以点带面影射本书的主题内容——介绍老北京的传统市井文化（图4.20）。

图4.20　《传统文化——老北京》／倪洁

4.3.3　装饰性图形

装饰性图形在封面设计中基本是与书籍本身的内容无关，设计的图形形式的装饰美感往往要大于实际的意义。利用点、线、面，以及简单的几何图形进行有规律的排列组合，使得画面具有装饰美感，丰富封面的视觉效果（图4.21）。

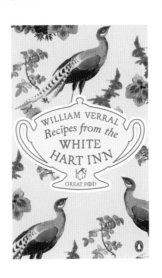

书籍装帧

图4.21　装饰性图形

图4.21　装饰性图形（续）

　　如《顾城的诗顾城的画》（图4.22），设计师在封面设计时从视觉的装饰手法出发，运用书籍中的代表性文章作为底纹装饰背景，并将整篇文章打散，字号大小搭配，使得整个书籍封面画面富有强烈的节奏感与跳跃性。同时在书名的设计上也特意采用了相同的编排方式，分别将两段书名置于左上角与右下角，与书籍的底纹保持风格上的统一，装饰性极强。

图4.22　《顾城的诗顾城的画》赵烁烁

4.4　书籍封面设计的文字

在书籍封面上，文字是一个不可或缺的重要组成部分。书籍装帧设计师往往通过强化和夸张封面中的文字以带来直观的信息关注度，甚至有些书籍封面抛弃了色彩和图形，直接通过文字的视觉样式来进行设计表现。构成书籍封面的文字有很多类型，通常情况下根据其功能可以划分为标题性文字、广告性文字及说明性文字三类。在一个书籍的封面上，不同功能的文字通过不同大小、不同字体、不同的排列组合有序地构成整个书籍封面的信息。通过文字读者可以在最短时间内了解书籍。

4.4.1　标题性文字

封面中的标题性文字是书籍最为重要的部分，主要指的是书名、副书名。书名作为每本书籍必不可少的元素，设计师往往用最醒目的色彩，以及夸张个性的字体来设计书名，使其在整个封面设计中处在视觉中心的位置，起到画龙点睛的艺术效果（图4.23）。

如《盗墓笔记》这本书籍（图4.24），设计者在设计时有意扩大书名在版面中的整体位置，顶天立地的编排首先给读者的是一种强烈的震撼。同时在字体的选择上也选用古印体，加上书函上的两个铜制门环，整个封面古朴幽深，似乎将读者吸入了古代地下的神秘王国之中。

图4.23　封面中的标题性文字

图4.24 　《盗墓笔记》／翁依

4.4.2　广告性文字

封面中的广告性文字包括书
籍的丛书名、促销广告文案、书籍
副标语等文字。这类文字信息的出
现一是对本书内容的补充性说明；
二是起到提升书籍附加值，起到促
进书籍销售的作用。一些参考类、
工具类的书籍常常会在书籍的封面
中出现这类文字。设计师在设计时
往往从整体版面的需要出发，将广
告性文字放置在书籍的上方或者右
侧，或者另外设计一个腰封进行说
明，在字体的大小及色彩上与书名
的字体大小与色彩进行冲突，但是
也有将广告性文字置于重要位置，
甚至在字体大小上要大于书名，强
调书籍的受众人群、实效等用途
（图4.25）。

图4.25　广告性文字

4.4.3　说明性文字

　　封面中说明性的文字主要指的是出版社名、作者名、译者名等。这些说明性文字是书籍出版、发行、流通中必须出现的规范性文字。在设计时除了色彩与编排中保持与主题风格的一致性外，通常选择可读性强、严谨常规化的字体，如宋体、黑体、楷体等，字体大小也不宜过大，以阅读便捷为主（图4.26）。

4.26《长安乱》书籍设计甘长浩

4.5　书籍封面设计的色彩

　　在书籍封面设计中，文字、图形和色彩是构成书籍封面的三大视觉元素，而色彩的视觉作用往往先于文字与图形，能最直接地影响到我们的感官从而左右我们的情感。从人类文明开始，色彩就成为沟通的一种语言，人们用色彩表达情感，宣泄情绪。在书籍设计师手中，色彩的作用更是被发挥得淋漓尽致，充满了无穷的魅力。封面设计的色彩是体现书籍主题、表达情感、创造意境、激发读者审美联想的重要因素。不同的色彩搭配给予人们的心理变化各不相同，在此就不再赘述。书籍色彩的选择必须符合书籍的内容与特性，要"随类赋彩"，以什么样的书籍赋予什么样的色彩搭配，这是书籍装帧设计色彩艺术的基本规律。书籍的种类与性质决定了书籍的色彩选择与搭配，通常来说诗歌散文类书籍色彩较为含蓄恬静（图4.27）；古籍类的书籍色彩多为古朴深厚（图4.28）；科普读物的书籍色彩比较沉稳、理性（图4.29）；少儿类读物的色彩应是鲜明、活泼（图4.30）。

图4.27　诗歌散文类书籍封面色彩

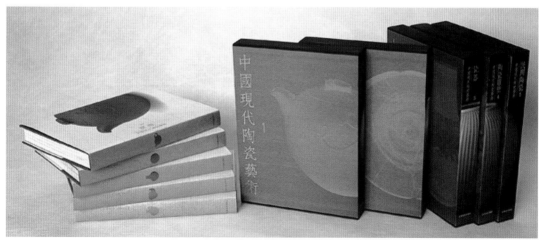

图4.28　古籍类书籍封面色彩

图4.29　科普读物封面色彩

图4.30　少儿类读物封面色彩

实训六　书籍装帧的封面电脑稿设计制作

实训任务

（1）充分了解书籍主题内容的情况下进行封面设计，所设计的封面风格、构图切合主题，注重画面的视觉效果。

（2）封面设计包含书籍的封面、封底、书脊，同时根据实际情况可增加设计勒口、护封、书函。

（3）最终作品以实物制作与效果图两种方式展示。

（4）项目完成时间：10课时。

实训项目：《释梦》

设计：虞波

指导：郭恩文

作品见下图

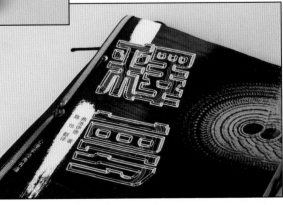

第五章　书籍装帧的版式设计

学习目标

通过本章的学习让学生掌握书籍内页正文版式设计的基本原则，以及掌握文字、图片在版式设计中的规范性和合理性。同时通过对版式视觉导向的学习，掌握编排中不同方位的视觉中心变化规律。

学习任务

结合前一章所涉及课题的封面风格，从书籍的内容与定位出发，合理地运用版式设计的原则与视觉流程规律，选择恰当的字体、字号，以及图形对目标书籍进行4~6个版面的设计。

任务分析

本章的任务难点在于如何科学合理地处理一个版面中的文字与图片之间的关系，分析所设计书籍的内容是属于哪一类的题材，以文字为主导还是图片为主导，通过分析正确的选择版面形态，作品既要具有鲜明的设计风格，又要做到经济实用。

书籍的版式设计是书籍视觉设计体系中一个重要的组成部分，它将文字、图形及色彩之间的元素根据特定书籍内容与题材的需要恰当地组织在版面上，并准确地传达出符合书籍内容的信息，同时使得书籍更好地烘托书籍本身的内容与阅读气氛。在版式设计过程中，对平衡、韵律、节奏的全局把握是成功与否的关键。版面设计的重要意义是将信息、观点、思想合理轻松地传达给读者，避免在阅读时对信息的误解与遗漏。版面的信息传递是生命力的象征，好的版式设计往往能够借助无声的版面语言去艺术地表现内容，抓住读者的视线，使其产生丰富的联想和强烈的美感体验，使人产生心理上的舒适感与愉悦感。

5.1 文字的版式编排

文字作为语言符号，能精确地传达图形所不能表达的信息。文字字体作为视觉形象之一，同时具有形象地诉求力量。在书籍的版式设计中，文字的编排是不可或缺的。在文字的编排中，字体的选择与设置、对齐方式，以及应用的技巧都是需仔细考虑的内容。

5.1.1 字体

随着计算机的发展，现代字体在传统的宋体、黑体等字体上派生出多种字体。仿宋体、楷体、综艺体、粗黑体、琥珀体、霹雳体等，这些不同的字体有其独有的气质与特定的用途，但是作为书籍的正文用字，过多的修饰性字体并不利于长时间阅读。因此适合书籍正文字体也就是常见的2~3种，下面对常见的几种字体特征做粗略的介绍。

1. 宋体

宋体字横细竖宽多修饰角，给人以典雅、大方、古朴之感，多用于传统、历史题材或正文的大量段落性文字中，是使用最为普遍的阅读字体（图5.1）。

由宋体衍生的出来的字体还有大宋体、仿宋体、中宋体等（图5.2）。

图5.1　宋体

书籍装帧的版式设计 宋体

书籍装帧的版式设计 大宋体

书籍装帧的版式设计 中宋体

书籍装帧的版式设计 仿宋体

图5.2　宋体的衍生字体

2. 黑体

黑体字简洁直白、横竖粗细一致的笔画结构，以及笔画粗细的随意调动，使其不拘于形式，也是目前使用最为广泛的字体之一（图5.3）。

去除笔画两端稍粗的结构，使之更为简洁，由黑体衍生出的主流字体还有等线体（中等线体、细等线体）、超黑体、平黑体等（图5.4）。

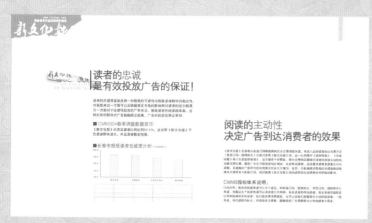

图5.3　黑体

书籍装帧的版式设计 黑体

书籍装帧的版式设计 中等线体

书籍装帧的版式设计 大黑体

书籍装帧的版式设计 中黑体

图5.4　黑体的衍生字体

3. 楷体

楷体字的字形端正规范、易辨别，且行笔中笔法规范，在幼儿读物类书籍，以及传统古籍类书籍的版面设计中经常被使用（图5.5和图5.6）。

图5.6　楷体的衍生字体

书籍装帧的版式设计　楷体

书籍装帧的版式设计　行楷体

书籍装帧的版式设计　硬笔楷

图5.5　楷体

5.1.2　字体选择的原则

一般情况下，一本书籍的版面设计只选择一种字体作为正文字体。在设计中，为了版面的装饰效果及阅读方便，一些标题或重要章节、段落也可选用不同的字体。但一本书中字体选择应控制在2~3种，因为字体太多视觉效果反而显得杂乱，如果非要进行不同的字体变化，也可选用字体不变，通过改变字体的字号的大小、色彩或是装饰手法，也可以达到同样的效果（图5.7）。

如果有必要选择三种以上不同的字体，标题文字可以选择较宽粗和具有一定修饰的字体，以吸引阅读。而大量正文、段落文字适合选择简洁、笔画较细的字体，以便阅读（图5.8）。

此外，一本书籍中搭配不同字体时要注意它们之间的风格要有一定的包容性，要求既有区别，又有协调，通常情况下传统书法字体能较好地与现代字体相匹配（图5.9）。

图5.7　字体的选择（1）

图5.8　字体的选择（2）

图5.9　字体的选择（3）

第五章　书籍装帧的版式设计

5.1.3　字号、字距、行距的设置

1. 字号

一般来说，作为阅读文章的正文，中文字号在7~10号之间，英文字号在9~12号之间。字行的长短要适当，阅读过长会令读者感到紧张与疲劳，但是根据不同的阅读人群字号大小也会发生一些变化。如儿童读物和老年读物的字号应偏大一些，这类读物的字号从12~36号不等，其中儿童的字号可更加偏大一些。

2. 字距与行距

字距指的是两字之间的空白距离。行距指的是行与行之间的空白距离。书籍设计与阅读时字距与行距的比例关系具有很强的科学比例。行距与字距设置的合理与否直接影响阅读时的视觉效果以及整体的版面编排效果。正常情况下，行距要大于字距，行距是正文字距的二分之一或者四分之三（图5.10）。

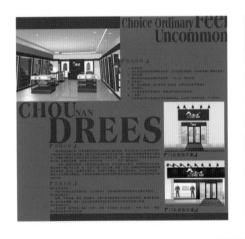

图5.10　行距与字距的设计

行距小于字距，会使读者在阅读时产生压抑感，容易在阅读时串行。行距过分大于字距，不但会产生增加书籍整体设计页面，加大书籍成本，同时还给阅读者带来阅读不流畅的心理感受（图5.11）。

书籍装帧

图5.11 间距过小的行距与字距的设计

5.1.4 文字的编排方式

文字编排方式的选择是否正确合理，将会直接影响着阅读的效果。优秀的文字编排能够将各类文字信息群组成块，将文字分成若干块，将它视为图形的一个组成部分。这样所设计的版式，其文字、图形和谐共存，达到互相融洽的效果，信息才能得到有效传达。当然，不同的文字结合不同的图形元素与信息内容，所选择的编排方式也各不相同，每种编排方式都具有其特有的适用性和独特的情感体现。文字的编排方式灵活多变，常见的编排方式有以下几种。

1. 左右均齐

文字从左到右长度统一均齐，这种文字的编排段落显得端正、严谨、美观，多用于书籍、报刊的正文编排（图5.12）。

图5.12 左右均齐

图5.12　左右均齐（续）

2. 居中对齐

　　以版面垂直中心为轴线，两端字距相等的排列方式，这种编排方式使得视线更集中，中心更突出，整体性更强，更能突出重点。给人以简洁、大方、高贵的视觉感受。常用于书籍封面、扉页等处的设计，不适合正文的编排（图5.13）。

图5.13　居中对齐

3. 齐左或齐右

文字齐左或齐右的编排方式给人感觉有松有紧，有虚有实，能自由呼吸，飘逸且有节奏感。同时齐左也是阅读中最常见的排列方式，符合人们的阅读习惯（图5.14）。

图5.14　齐左或齐右

4. 倾斜

倾斜就是将文字整体或局部倾斜排列，构成非对称平衡的形式，使版面具有强烈的动感、方向感和节律感，并富于变化（图5.15）。

第五章　书籍装帧的版式设计

图5.15　倾斜

5. 沿形

　　沿形就是将文字沿着图形的外形有序地排列，使人的视线随着图形外形的起伏，时而紧张，时而断续，时而平缓，以形成一定的节律而获得美感。这种编排方式具有流畅多变的运动感和新颖别致的视觉效果（图5.16）。

 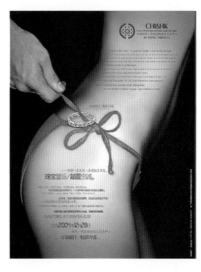

图5.16　沿形

6. 渐变

文字在编排过程中呈现由大到小、由远到近、由暗到明、由冷到暖、由虚到实的有规律有节奏的渐变过程，这种编排方式可使版面具有强烈的空间感（图5.17）。

图5.17　渐变

7. 自由

自由的排列方式较为随机多变，使版面呈现活泼、生动、跳跃、幻变的效果（图5.18）。

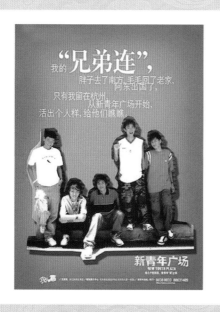

图5.18　自由

5.2　图形的版式编排

　　图形在书籍的版式设计中所占比重很大，一张会意准确的图片胜于千字，图形的直观性是语言文字所无法取代的。同时图形还能够帮助辅助文字进行直观说明，有些书籍甚至图片的比重高于文字。因此图形的版式编排具有十分重要的作用，优秀的图形版式不但能够起到促进导读的效果，还具有吸引视觉的作用。图形的种类很多，分为抽象形与具象形，有机形与无机形，单一形与组合形。它们之间有着内在的联系，同时各种形之间在一定的条件下可以相互转化。下面就图形在版式中的常见问题进行梳理。

5.2.1　图形的编排

1. 图形的位置

　　图形在版面中的位置直接影响到整个版面的布局。版面的上、下、左、右，以及对角中心都可以是视觉的中心。图形不同的位置编排给读者的感受或是压抑或是轻松，各不相同。合理地安排图形位置能够使整个版面更加富有层次、更加清晰而有条理（图5.19）。

图5.19　图形的位置

2. 图片的面积

　　图片的面积大小直接影响整个版面的视觉效果。通常情况下，将重要内容的图片放大并处于版式的重要位置，而次要部分的图片缩小，使得整个版面主次分明，结构清晰（图5.20）。

图5.20　图片的面积

3. 图片的数量

　　一个版面中图片的多寡并不是由设计师决定的，图片数量需要结合版面的内容而定。一般来说，一个版面中1~2张图片会使版面显得平淡冷静。较多的图片会使版面丰富热闹同时富有活力。如图5.21所示，这几幅同样大小的版面中，图片的排列也都较为规整，但是将使用了十张以上的图片与只使用了2~3张图片的两种版面进行对比，显然运用图片多的给我们感觉活泼热闹，而使用了少量图片的版面会更加平静柔和。

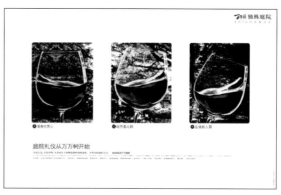

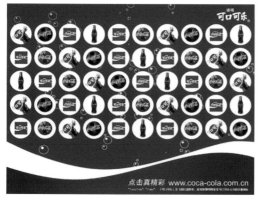

图5.21　图片的数量

4. 图片的组合

图片的组合就是把多张图片根据一定的信息层次编排在一个版面中，其中包括文字与图片的组合、图片与图片的组合关系等。组合的关键是注意内容的主次。如图5.22所示，作为一本纯图片的画册，作者将主要介绍产品的图片放大自成一个版面，其他补充性的图片排列成一个版面，这样将图片进行合理的组合使得版面的主次关系一目了然。如图5.23所示，整个版面由三个层次进行组合，一张灰白色的风景照片作为背景，主要的产品图片醒目地置放于画面的左侧，右侧为三张同一题材的装饰性图片，五张图片三个层次的组合使得版面井然有序。

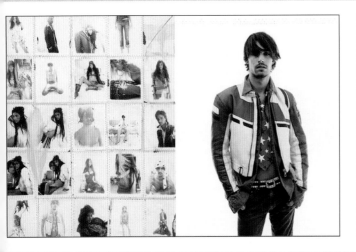

图5.22　图片的组合（1）　　　　　　　　　　　图5.23　图片的组合（2）

5. 图片的出血

出血是指任何超过裁切线或进入书槽的图像。出血的作用主要是为了保护版面在成品裁切时，在非故意的情况下保证图片文字的完整。常规的书籍出血线一般为3mm（图5.24）。因此，在书籍版面设计中要将页眉、页脚处的出血位置都一起考虑进去。

图5.24　图片的出血

5.2.2 图文混排的原则

　　图片与文字是书籍版式设计中最常用的两个元素，通常情况下两者同时出现，因此要注意处理好图片与文字之间的排列组合关系，使版面变得更加有序。在图片与文字的混排过程中，常会影响整个版面效果的问题主要有以下几点。

　　1. 图文之间的距离

　　在书籍版面设计中常常会出现文字说明图片内容的现象。在版面中文字与对应图片需保持适当的距离，确保让人一目了然就能分辨出文字是属于哪张图片的解释说明（图5.25）。

图5.25　图片与文字距离

　　2. 图片与文字的统一

　　在图片与文字混排的过程中，应注意版面的协调统一。文字字体、色彩的选择以及摆放的位置需同图形整体统一考虑，从整体版面的设计风格出发，图片与文字的视觉感染力保持一致性（图5.26）。

图5.26　图片与文字统一

3. 图片与文字的叠压处理

　　在书籍的版面中，文字承载着传递信息的功能。在图文混排时，要尽量避免文字叠压在图片上，若无法避免，注意文字尽可能不要叠压在图片的中心位置，此外还需考虑叠压后文字的阅读识别性是否受到影响（图5.27）。

图5.27　图片与文字叠压

5.3 书籍版面设计的原则

5.3.1 准确传递主题内容

　　书籍的版面设计并非是为了书籍的装饰美感，赢得更多读者的吸引力，其最根本的任务是通过准确的编排传递书籍的内涵。设计书籍版面首先要明确编辑、作者的真实目的，并深入了解书籍的内容，找到适合体现书籍内容的主题构思。只有做到主题鲜明突出、一目了然，才能达到版面准确地传递信息的最终目的（图5.28）。

图5.28　准确传达主题内容

5.3.2 内容与形式的统一

　　版式设计的前提是在追求完美形式的同时必须符合书籍的思想内容，这是版式设计的根基。只讲究表面形式而忽略内容，或者只考虑内容而抛弃了艺术美感都是不成功的。只有做到内容与形式的统一协调，才能使书籍的版面发挥真正的设计价值与艺术价值（图5.29）。

图5.29　内容与形式的统一

5.3.3 整体布局的视觉美感

　　优秀的书籍装帧编排，不但能够直观地体现书籍的本质内容，还能在视觉语言上起到非常重要的作用，从而达到最佳的诉求效果。利用文字、图形、色彩之间的合理布局，通过设计者对书籍的内涵理解，以及艺术修养、技术知识的加工，增加了书籍的文化内涵和附加值。同时，艺术化的版面设计能够增强读者的阅读兴趣，在阅读中得到美的享受（图5.30）。

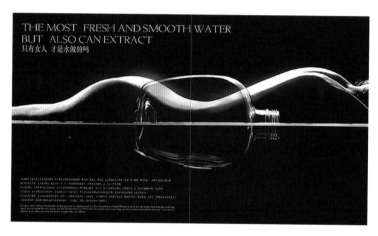

图5.30 整体布局的视觉美感

5.4 版式设计的基本形态

书籍版面设计的基本形态法则有很多，根据不同的切割方式大致可以分为水平线分割、垂直线分割、斜线分割、曲线分割、中心点分割、"L"形分割、"U"形分割、三角形分割、自由形分割、出血式分割，等等。

5.4.1 水平线分割

水平线分割是书籍设计中最为常见的一种版式形态，是将版面横直分为上、下两部分。这种分割方式给读者以安静平和之感，但略显呆板（图5.31）。

图5.31 水平线分割

5.4.2 垂直线分割

垂直线分割正好与水平线分割相反，垂直线分割范围为左、右两个部分，这种分割方式给人以有序条理感，同时又崇高肃穆。这也是在书籍正文编排中较为常见的一种版式设计形态（图5.32）。

图5.32　垂直线分割

5.4.3　斜线分割

　　将整个版面以对角或者一定的倾斜角度为趋势线将文字与画面进行分割。这种分割形态与前两种分割方式相比，更加生动活泼，具有运动感（图5.33）。

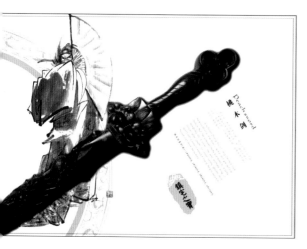
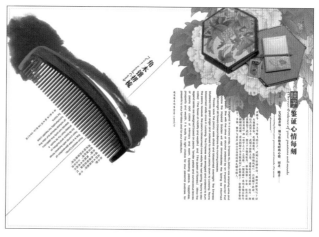

图5.33　斜线分割

5.4.4　曲线分割

　　曲线分割是将版面按照波浪形、半圆形、圆形、螺旋形等曲线进行图片与文字的分割。这种分割形态使人视觉能够随着分割的轨迹而旋转移动，最终落到中心点形成一定的动感。这种分割形态更加具有柔和的美感（图5.34）。

图5.34 曲线分割

5.4.5 中心点分割

利用视线的中心部位进行图片文字的发散式排列，使中心的图片更加具有强调作用，形成显明的主次关系（图5.35）。

图5.35 中心点分割

5.4.6 "L"形分割

"L"形分割方式通常是以一幅大图片为主，配置在上下、左右任何的一角，两边出血，另两边留出"L"形空白。这种版面往往能产生意想不到的趣味变化，视觉冲击力强（图5.36）。

图5.36 "L"形分割

5.4.7 "U"形分割

"U"形分割方式是把图片放置于版面中央的上方或下方，并在一处出血，产生"U"形空白。这种编排稳定性强，具有强烈的感染力（图5.37）。

图5.37 "U"形分割

5.4.8　三角形分割

　　三角形分割形态由于三角形的放置位置角度不同，所呈现的视觉感受各不相同。金字塔形的编排方式显得更加稳定，而逆三角形更加具有压迫感，倾斜的三角形则具有极强的动感（图5.38）。

图5.38　三角形分割

5.4.9　自由形分割

　　自由形分割看似没有明显的分割视觉趋势，但是这种分割形态更具有随意性，变化灵活，同时文字与图形融为一体，节奏感强（图5.39）。

图5.39　自由形分割

5.4.10 出血式分割

出血式分割具有强烈的视觉冲击力，这种分割形态中文字或者图形往往上下、左右四个边角同时向外延伸出血，给人以无限的 遐想空间（图5.40）。

图5.40　出血式分割

5.5 版式的视觉流程

书籍版面由多个元素根据不同的主次层次所组成，不同的元素层次之间所传递的信息各有轻重。读者通过这些信息的层次变化所确定版面的阅读顺序，这就构成了视线在版面上的移动，即视觉流动。常见视觉流动规律有如下几种。

5.5.1 视觉中心

由于眼睛的错视、生理机能及视觉习惯等因素，决定了画面中最受人注目的地方就是所谓的视觉中心。设计师应考虑将重要信息或视觉流程的停留点安排在注目价值高的最佳视域，使主题一目了然。根据长期的科学考证，以及人们的阅读习惯，版面的视觉中心具有一定的规律性特点。一个版面中，通常版面的上部比下部更加引人注目，而左侧一般比右侧注目性更高。

（1）视觉中心在上部，给人以轻松、愉快、扬升的感觉（图5.41）。

图5.41　视觉中心在上部

（2）视觉中心在下部，给人以下坠、压抑、沉重、消沉、稳定的感觉（图5.42）。

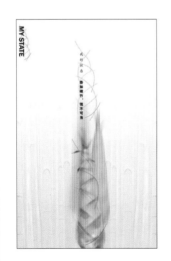

图5.42　视觉中心在下部

（3）视觉中心在左侧，给人感觉舒展、轻便、自由、富有动感（图5.43）。

图5.43　视觉中心在左侧

（4）视觉中心在右侧，则显得局限、拘谨、拥挤、紧凑而又稳重（图5.44）。

图5.44　视觉中心在右侧

5.5.2　单向视觉流程

　　单向视觉流程是指按照常规的视觉流程规律，诱导观者在阅读时的视觉随着编排中的各元素的有序组织，从主要内容开始依次观看下去，使版面的视觉流动线具有更为简洁、有力的效果。根据视觉运行的轨迹不同，我们又能分为竖式视觉流程、横式视觉流程、斜式视觉流程和折线视觉流程。

1. 竖式视觉流程

根据版面的设计需要，视觉由上而下形成纵向的流动趋势，这是一种稳固的构图形式（图5.45）。

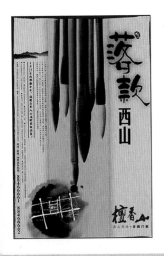

图5.45　竖式视觉流程

2. 横式视觉流程

水平运行的视觉流动趋势，是一种安宁而平静的构图形式（图5.46）。

图5.46　横式视觉流程

书籍装帧

3. 斜式视觉流程

实现在左上角与右下角之间产生倾斜的视觉效果，给人一种强烈的动感的构图形式。这种视觉流程往往更能吸引人们的注意力，产生强烈的冲击力，在杂志、画册的设计中经常能够见到（图5.47）。

图5.47　斜式视觉流程

5.5.3　曲线视觉流程

曲线视觉流程是指各视觉要素随一定的设计弧线或回旋线而运动变化的视觉流动。与单向视觉流程相比，其更具有节奏与韵律之美，微妙且复杂（图5.48）。

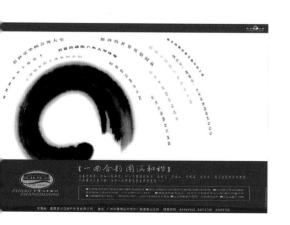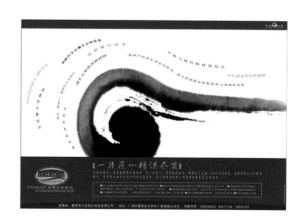

图5.48　曲线视觉流程

5.5.4　重复视觉流程

　　重复视觉流程是以相同或相似的视觉元素按照一定的序列反复排列，形成形象的连续性、再现性和统一性，给人以安定感、整齐感和秩序感，更富于韵律和秩序之美。同时，在完全相同的元素往复中，也要有不同的特异变化来吸引读者的注意力，使整个画面更具有生气（图5.49）。

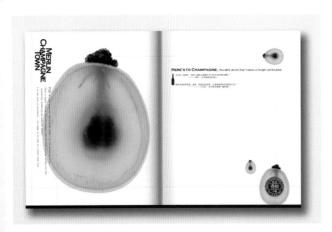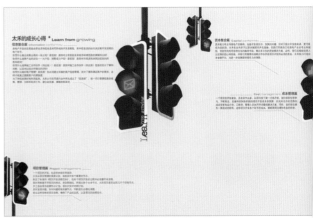

图5.49　重复视觉流程

5.5.5　导向视觉流程

　　导向视觉流程是指通过诱导元素，主动引导读者的视线向一个方向运动，从而把版面串联起来，形成一个有机的整体，达到多样的统一（图5.50）。

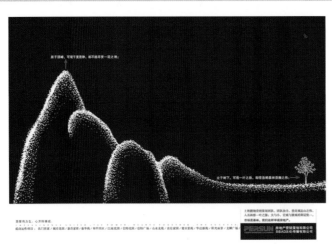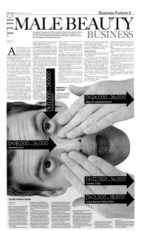

图5.50　导向视觉流程

书籍装帧

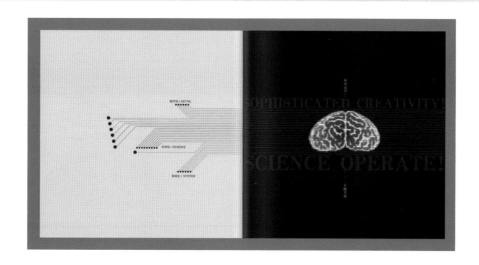

图5.50　导向视觉流程（续）

实训七　书籍装帧正文版面设计

实训任务

（1）结合上一章的课题内容，对书籍的正文内页进行版面设计。

（2）设计正文页要求前后连续，以4页为一个基本单位进行设计。充分考虑版面的设计形态与视觉流程，注意文字与图片的混排规律。

（3）版面开本大小沿用前面章节的书籍所设计的开本大小与样式。

（4）项目完成时间：10课时。

实训项目：《人体解剖学》

设计：赵丽

指导：郭恩文

作品见下图

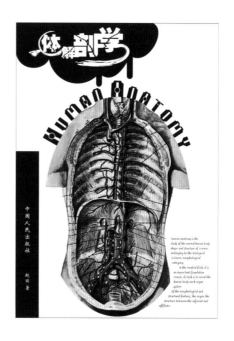

中国人民出版社

定价:160

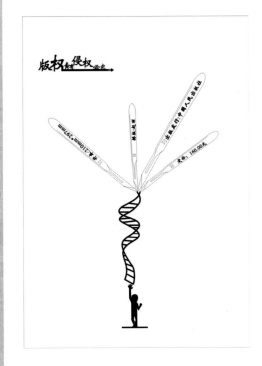

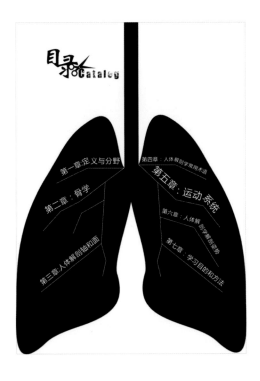

随着人类的进步和科学文化的发展，人体美的研究日益为专门家所重视。系统学体系，有赖于各门学科的综合运用。这里所讲的形体术语系指专用术语，形态术语、美术形态描述学体系等。

由于研究手段的不同，解剖学又分为若干分支。如按研究方法，可分为巨视解剖学和微视解剖学。巨视解剖学即用肉眼观察和研究人体各局部的形态结构；微视解剖学则借助于显微镜和电子显微镜观察组织，即微视和超微视解剖。

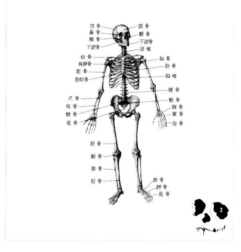

骨bone是一种器官，具有一定的形态和功能，坚硬而有韧性，有丰富的神经和血管，能不断地进行新陈代谢和生长发育，并具有修复和再生的能力。经常进行体育锻炼可促进骨的良好发育和生长。长期不用导致骨质疏松。骨在成人为206块，按其在人体的位置不同，可分为躯干骨和四肢骨（颅骨四部分）。其中躯干骨51块，上肢骨64块，下肢骨62块，颅骨29块。骨的重量，在成人约占体重的1/5，而新生儿则占1/7。每块骨都是具有一定的形态和功能的器官，既坚硬而又有弹性。

（一）骨的形态

骨有不同的形态，可分为长骨、短骨、扁骨和不规则骨四类。

1. 长骨long bone 呈管状，分布于四肢。长骨有一体和两端。体又名骨干，骨质致密，内有骨髓腔，容纳骨髓。端又名骨骺，较膨大，并有光滑的关节面，由关节软骨覆盖。

2. 短骨short bone 一般呈立方形，多成群连结一起，如腕骨和跗骨。

3. 扁骨flat bone 呈板状。主要构成颅腔、胸腔和盆腔的壁，对脏内器官有保护作用，如颅盖骨、胸骨、肋骨等。

4. 不规则骨irregular bone 形态不规则，如椎骨。有些不规则骨，内有含气的空腔称为含气骨，如上颌骨、额骨等。

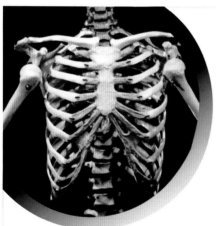

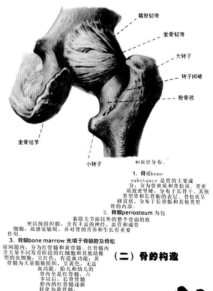

1. 骨质bone substance 是骨的主要成分，分为骨密质和骨松质。骨密质致密坚硬，分布于长骨干、其他类型骨和长骨骺的表层。骨松质呈海绵状，分布于长骨骺和其他类型骨的内部。

2. 骨膜periosteum 为包裹除关节面以外的整个骨面的致密结缔组织膜，含有丰富的神经、血管和成骨细胞，故感觉敏锐，并对骨的营养和生长有重要作用。

3. 骨髓bone marrow 充填于骨髓腔及骨松质内腔隙内，分为红骨髓和黄骨髓。红骨髓内含大量不同发育阶段的红细胞和其他幼稚型的血细胞，呈红色，有造血功能；黄骨髓为大量脂肪组织，呈黄色，无造血功能。胎儿和幼儿的骨内全是红骨髓，六岁以后，长骨骨髓腔内的红骨髓逐渐转化为黄骨髓，但红骨髓仍保留于各类型的骨松质内，继续保持造血功能。

（二）骨的构造

117

第五章 书籍装帧的版式设计

1、轴：按照解剖学方位，人体有互相相垂直的三种类型的轴，这在描述某些结构的形态，特别是关节运动时，是非常重要的。三种轴即：

(1) 矢状轴：即由前向后与身体长轴相垂直的水平线。

(2) 冠状轴：即由左向右与身线，又称额状轴。

(3) 垂直轴：即与身体长轴相平行，而与水平面垂直的轴。

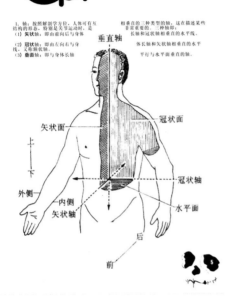

2、面：按照上述三种轴，人体可以有互相垂直的三种类型面，这对某些结构的描述也是重要的。

(1) 矢状面：即按矢状轴方向与水平面和冠状面相垂直，将身体分成左右两部的纵切面。其中正中的，称为正中矢状面，将人体分成左右二等分。

(2) 冠 (额) 状面：即按冠 (额) 状轴方向与水平面和矢状面相垂直，将身体分为前后两部的纵切面。

(3) 水平面或称横切面：即与上述二面垂直与水平面相平行，将身体分为上下两部的器官的断面一般不以自身为准。与其长轴平行的切面称纵切面，与其长轴垂直的切面则称横切面。对器官来说，横切面不一定是水平面，纵切面也不一定是矢状面或冠状面，故一般不用水平、矢状和冠状这些术语。

颈

颈是脑与躯干之间一个具有的连接部。三个只要的重要管要经过颈部：脊椎从脑沿着脊柱下一个由骨组成的延道通过；食道从口到食管；气管载着空气进出。由于颈的内部还有偶血血液给头的血管，颈的肌肉支持并使头能够移动，而且使我们能够喝食物。

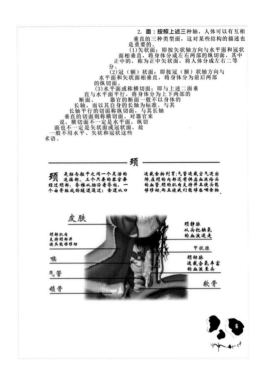

皮肤
颈部肌肉
支持着头部
使其能够移动

颈静脉
从头把血液带走

甲状腺

喉

气管
颈动脉
运载含氧丰富的血液至头

锁骨

软骨

(一) 解剖学方位

为了说明人体各部或各结构的位置关系，特规定一标准姿势，称为解剖学姿势。描述任何结构时均应以此姿势为标准，即使研究对象标本模型，是横位、倒置或其只是身体的一部分，仍应以标准姿势描述。特定的解剖学姿势规定如下：身体直立，两眼正前平视，两足并立，足尖向前，上肢下垂于躯干两侧，手掌向前。

(二) 方位术语

按照上述解剖学姿势，又规定了一些相对的方位名词，按照这些方位名词，可以正确地描述各结构的相互位置关系。所以，这些名词都是一组相应成对的，如：

上 superior 和下 inferior，是描述部位高低关系的名词。按照解剖学姿势，头在上是在下，故头头 (颅) 侧的为上，远离头 (颅) 侧的为下。如眼位于鼻的上方，而口则位于鼻的下方。也可用颅侧 cranialis 和尾侧 caudalis 作为方位的对应名词，则对人体四足动物的描述就可相对比较了。

前 anterior 或腹侧 posterior 或背侧。凡距身体腹面近者为前，背面近者为后。腹侧和背侧这两名词，可通用于人体和四足动物。

前 ventralis 和后 dorsalis。凡距身体腹面近者为前，腹面近侧者为背侧。凡距身体腹面近侧这两名词，可是动物体。

运动系统包括骨、关节和肌3部分。全身各骨借关节连接构成骨骼。运动系统不仅构成人体的骨骼支架，在神经系统的支配下完成各种运动，而且起着重要的支持和保护作用。如颅骨支持、保护脑，胸廓支持保护心、肺、脾、肝等器官。四肢的骨骼则以运动为主。骨骼肌附着于骨，收缩时牵动骨，通过关节产生运动。在运动中，骨起杠杆作用，运动的枢纽在关节，骨骼肌是运动的动力。故骨和关节是运动系统中的被动部分，在神经系统支配下的骨骼肌是运动系统中的主动部分。

第六章　书籍装帧的承印物与印刷工艺

学习目标

通过本章的学习让学生了解书籍装帧的各类承印材料，并对主要的承印物——纸张的各种类型及其特性有一个较为理性的认识。同时掌握书籍出版印刷过程中的印前、印中及印后各个环节的重要原理与细节。对于烫印、UV、凹凸等常见的书籍装帧印刷工艺能够熟练地分辨，并了解其制作原理。

学习任务

结合前一阶段的书籍封面设计作品，为书籍封面作品进行CMYK四色打样稿的制作，并同时标注咬口、中线、分色符号，同时书籍所需要完成的各种印后工艺需注明。

任务分析

本章的任务难点为如何让学生认识分辨CMYK四色印刷版，同时对于咬口、中线、分色符号的设置标注是否符合印刷规范，如果碰见金、银等专色如何进行分色设置。可以通过组织大量的实物介绍，以及到印刷公司实地参观来直观地学习抽象的印刷工艺知识。

6.1 书籍装帧的承印物

书籍的承印物指的是能够将书籍的文字、插图通过一定的印刷工艺将所表达的信息进行呈现与流通的物质载体。可以作为书籍的承印物多种多样,最为常见的是纸张,除此之外还可以是皮革、木料、PVC铝塑板、各类纺织物、植物纤维、纸浆甚至铁板、铝板等各种材料。

在实际的书籍装帧设计时,对承印物的选择有一定的科学依据。对于承印物材料的选择通常需要考虑两个方面的因素:首先要考虑书籍本身的内容所产生的后期阅读质量,一般来说,以插图图像为主的书籍要比以文字为主的书籍在承印物的选择上要求要高。比如摄影、书画图集类的书籍往往会选择纸张光泽度高、手感厚实的铜版纸(图6.1),而小说散文集则多为文字内容为主,大多选用价格更加低廉,材料更加轻薄的胶版纸、轻型纸、新闻纸等(图6.2)。

其次,书籍的运营成本及书籍受众对象的不同,所选择的承印物也不同,售价相对较高的书籍在承印物的选择上,其选择自由度要比普通的廉价的工具性书籍更加灵活。

6.1.1 纸张的类型

书籍的印刷离不开承印物,而各类纸张是书籍印刷中最常见也是最便捷的承印材料。不同的纸张具有不同的性能与用途,纸张选择的不同,将直接影响到印刷的效果。书籍装帧设计师必须熟悉不同纸张的不同特性与最终呈现的效果,才能使得最后成稿的书籍达到预期理想的设计效果。下面就对几种常见的纸张进行介绍与比较。

图6.1　画册、图集类书籍的用纸

图6.2　小说散文类书籍的用纸

1. 铜版纸

铜版纸是以原纸涂布白色涂料制成的高级印刷纸，是目前运用极为广泛的承印物用纸。根据用途的不同可以分为单面铜版、双面铜版、亚粉铜版、压纹铜版等。铜版纸最大的特点是涂面压光，表面光洁，印刷适应性强，主要用于画册、时尚杂志等高级书刊的封面和插图（图6.3）。

图6.3　铜版纸

2. 卡纸

卡纸是介于纸和纸板之间的一类厚纸的总称。根据其所呈现的颜色不同，可以分为双面白卡、单面灰背卡、铜版卡和色卡等。白卡纸是一种坚挺厚实、定量较大的厚纸，主要的特征是平滑度高、挺度好，有整洁的外观和良好的匀度。主要用于精装书籍的书函、护封，以及封面的环衬页等部分（图6.4）。

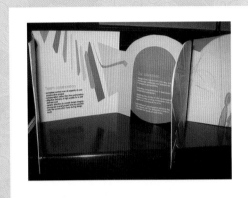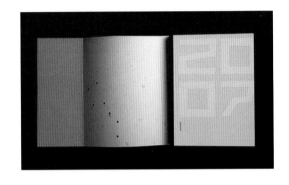

图6.4　卡纸

3. 胶版纸

胶版纸是按纸浆料的配比分为特号、1号、2号和3号。胶版纸最大的特点是伸缩性小，油墨的吸收性均匀、平滑度好，质地紧密不透明，白度好，抗水性能强。价格与铜版纸相比更为经济实惠，是较为广泛使用的书籍印刷用纸，适用于印制单色或多色的书刊封面、正文、插页、画报、地图等（图6.5）。

图6.5　胶版纸

4. 新闻纸

新闻纸也叫白报纸，是报刊及书籍的主要用纸。新闻纸的特点是纸质松轻、有较好的弹性，吸墨性能好。它主要适用于报纸、词典、课本、连环画、地方志等正文用纸（图6.6）。

图6.6　新闻纸

5. 牛皮纸

　　牛皮纸通常呈黄褐色，其具有柔韧结实，耐破度高，能承受较大拉力和压力不破裂，但具有很强的吸墨性，易掉色，因此适合单色印刷。通常适用于个性书籍的封面、环衬、扉页部分的单色黑白稿或专业印刷（图6.7）。

图6.7　牛皮纸

6. 特种纸

近年来由于造纸技术与印刷技术的快速发展，各类特殊形式的纸张被广泛开发利用。如仿树纹、皮纹、石纹等自然肌理的艺术纸（图6.8），仿金属质感的铝箔纸、镭射纸、电化铝纸（图6.9），还有透明的硫酸纸、玻璃纸（图6.10）等都通过印刷的热压工艺被运用于书籍的封套、封面、环衬、扉页、书签，以及腰封等处。

图6.8　特种纸（1）　　　　　　　　　　图6.9　特种纸（2）

图6.10　特种纸（3）

6.1.2 纸张的重量

纸张的重量决定纸张的厚度。纸张的重量在国际上有其规范的计算与测量规范，一般以每单位平方米的克重为单位（图6.11），如80克纸就是一平方米纸张的重量为80g，即80g/m²。纸张重量从20g一直到300g以上都有，不同克数的纸张适用于不同书籍、不同部位的印刷需求。

例如，小说、教材、工具书籍等以文字为主的，内页一般使用60g～100g左右的新闻纸或胶版纸；环衬、扉页起到书籍保护功能部分的用纸会略厚，一般为120g左右，封面则会采用128g、157g、200g左右的铜版纸进行印刷。如果是高档画册或者精装书籍更会选择200g以上的卡纸做外封面、护封等。

图6.11　纸张的重量

书籍用纸重量的选择必须根据书籍的图文内容、书籍的设计风格，以及书籍整体定位、制作成本、印刷工艺等因素科学合理地来选用。设计时要避免越厚越好、越高档越好的误区。

6.1.3 特殊承印物

随着科学技术的发展，如今的印刷技术已经不仅仅停留在对各类纸张的印刷，从理论上来说各种类别的材料都能够成为书籍装帧封面、书函、护封等部分的承印材料。不同的材料之间所存在着不同的物理性质差异，因此书籍装帧设计师在选择这些特殊承印材料时必须谨慎，充分了解把握住承印材料最终的成品效果时才能大胆地使用。常见的特殊承印物大致有如下几种。

1. 皮革

各类的动物皮革（牛、羊、猪、鸡）及各种不同肌理质感的人造皮革都能设计制作成富有个性的封面与书函。皮革材料通常细腻柔软、手感好、表面纹理独特，通过凹凸印压的工艺使得书籍能够表现出特有的古典与高贵气质（图6.12）。

图6.12 皮革

2. 木材

自然界中各类不同的树木与树皮也被广泛应用于书籍装帧设计之中。木材具有独特的竖纹肌理、质感厚重，可塑性强。常被用来制作精美的书函、书套，若在木质书函上饰以精美的浮雕效果，会使书籍更加的古朴而有文化韵味（图6.13）。

图6.13　木材

3. 纤维织物

这类承印物包括绢、棉、麻、布等纺织材料。这些材料表面肌理丰富、朴实自然，用它们制作而成的书籍封面、书函具有较强的艺术感染力（图6.14）。

图6.14　纤维织物

4. PVC与有机材料

各类人工合成的PVC塑料板材、铝合金板材、有机玻璃板材、电镀板材都是个性十足的承印材料。这些板材表面光滑、质地独特、质量轻巧、切割流畅，能够结合印刷切割压膜工艺塑造出个性十足的图案，因此在现代书籍的设计中也时有被运用，特别是时尚性强的精装书籍与概念书籍中能够看见（图6.15）。

图6.15　PVC与有机材料

　　总之，书籍承印物的选择并非是完全按照设计师的喜好来进行挑选，而是要经过科学的考虑与宏观的规划产生的。首先不能脱离设计的意图，明确材料的选择是为书籍内容服务的，不能一味地为了追求形式的美感而不切实际。其次是要考虑书籍制作的成本容忍度，在定价成本能够接受的范围内选择最合适表现书籍设计意图和书籍内容的材料。

6.2　书籍装帧的印前准备

　　对于书籍装帧的设计师来说，要完成一本书籍的最终出版，除了必须具备对书籍形态的把握、对书籍视觉审美能力的控制之外，十分重要的是如何把握印刷前文字、图像的适用效果。以及掌握印刷输出、组版、打样和专业的印前处理技术。这些环节的理解与熟练掌握将极大地提高整本书籍的印刷效果与质量。

6.2.1　文字与图像的输出

　　一本书籍的设计完成由大量的信息元素组合而成，其中文字与图像的输出是最为重要的技术环节，它将直接影响到书籍的阅读效果，以及信息的准确性。因此在最终印刷输出前必须注意文字与图像的几个关键环节。

1. 文字输出

　　仔细校对文字的信息是否正确，确定同一段落目录下的文字属性是否一致，在确认无误后将文字转换为图形（图6.16），这样将避免在其他电脑打开时由于因为缺少字体而出现错误，造成信息的丢失。此外在书籍封面中凡是黑色和灰色文字（70%以上灰度）都采用叠印（图6.17），避免因套印问题而露白。

129

第六章　书籍装帧的承印物与印刷工艺

排列(A)　效果(C)　位图(B)　文本(T)　工具(O)　窗口(W)

变换(T) ▶
清除变换(M)
对齐和分布(A) ▶
顺序(O) ▶
群组(G)　Ctrl+G
取消组合(U)　Ctrl+U
取消全部组合(N)
结合(C)　Ctrl+L
拆分 美术字: Arial (正常)(EN) 在 图层 1(B)　Ctrl+K
锁定对象(L)
解除对象锁定(K)
解除全部对象锁定(T)
修整(P) ▶
转换为曲线(V)　Ctrl+Q
将轮廓转换为对象(E)　Ctrl+Shift+Q
闭合路径(S) ▶

图6.16　将文字图形化

转换到段落文本(V)　Ctrl+F8
转换为曲线(V)　Ctrl+Q
拼写检查(S)...　Ctrl+F12
撤消移动(U)　Ctrl+Z
剪切(T)　Ctrl+X
复制(C)　Ctrl+C
删除(L)　Delete
锁定对象(L)
顺序(O) ▶
样式(S) ▶
因特网链接(N) ▶
跳转到浏览器中的超链接(T)
叠印填充(F)
叠印轮廓(O)
属性管理器(Y)　Alt+Enter

图6.17　叠印填充转化

2. 图像输出

　　图像在书籍中呈现最为关键的是要确保图像印刷成品的清晰度，分辨率的高低是直接衡量图片效果的关键技术指标，图片质量的高低取决于原稿的数字化程度。一般来说图像的来源选择通常来自于两种方式：

　　（1）图像扫描仪。

　　书籍中的图像通过扫描仪得到高精度的数码图片。市面上扫描仪的种类很多，一般可以分为滚筒扫描仪（水平、垂直）（图6.18）与平台扫描仪（图6.19）。

图6.18　滚筒扫描仪

图6.19　平台扫描仪

　　滚筒扫描仪较为少见，一般只能对质地软的材料进行扫描，平台扫描仪可以扫描实物原稿，如鲜花、树叶和活鱼，一般家用的扫描仪都属于平台扫描仪。扫描仪的重要指标就是分辨率。滚筒扫描仪最高分辨率为5000～12000dpi，家用常规平台扫描仪最高分辨率为1000～2000dpi，高档平台分辨率4000～5000dpi。在扫描图像时，如不能确定输出图像

书籍装帧

尺寸，建议在扫描时使用最高分辨率将图像放大到最大尺寸，使用时，根据需要再降低分辨率将图像缩小到所需的尺寸。扫描印刷品原稿时应选择去网处理，由于印刷品是由有规律的网点组成，容易出现龟纹网点（图6.20）。若无去网功能的扫描仪采用Photoshop的模糊滤镜对图像进行处理。

（2）数码相机（摄像）。

如今更多的图像资料来自于数码相机，对于数码相机（摄像）所产生的图像分辨率仍然是关键的数据指标（图6.21）。原则上分辨率越高，照片质量也越好。一些手机所拍摄的照片因为受到分辨率的影响一般图像的精度质量不高，在作为印刷资料时应当慎重，非万不得已尽可能避免使用。

图6.20　龟纹网点

图6.21　数码相机

6.2.2　组版

组版也是作为一名书籍装帧设计师需要了解的一项基本印刷知识，通过对印刷品印前的版面顺序规范处理，了解书籍的印制方法，以及如何科学合理地节约用纸。

组版又称拼版，是出版物印前流程中的专业用语。组版图是制作印刷品的图文计划，它显示了文稿、插图及各个元素的排列位置。在对印刷品进行裁切前，出版物的单张页面是按照组版的方法拼合在一张全开或半开的纸张上的。

一个展开的组版折页图为设计师提供了较为清晰且容易操作的印刷指导。如通过组版折页图可以看出页面使用的色彩是否在同一印张上或者是否需要选择不同的纸张。

以16开书籍的印刷为例，印刷机并不是分别对单个页面进行印刷，而是先印刷整张纸面的正反两面，然后再进行折叠、裁切，从而形成16个单独的页面（图6.22）。

由于一个印张的正反面分别进行各自的印刷，所以纸张的正反面可以选用不同专色的油墨。如图6.23可以看出，专色油墨只应用在同一面上的8页中，也就是说1、4、5、8、9、12、13、16运用同一种专色，2、3、6、7、10、11、14、15运用另一种专色。当印张折叠成册的时候，第1页和第2页自然形成了一个正反相连的页面，成为一个正常的翻页，以此类推。32开书籍的印刷组版与16开相同。

正		黑	
4	5	6	3
13	12	11	14
16	9	10	15
1	8	7	2

16页翻版版码位置

图6.22　组版（1）

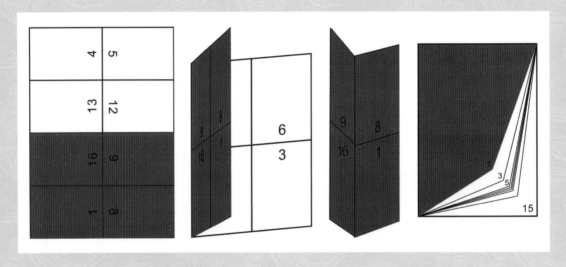

图6.23　组版（2）

组版的掌握对于设计师来说十分的重要，它除了可以一目了然地安排印版上的颜色，还能帮助设计师最大程度地节约印刷用纸。

6.2.3　CMYK四色印版

彩色原稿颜色要再现到印刷品上，必须先经过颜色的分解（分色），再进行颜色的合成（印刷）。绝大多数彩色印刷都要通过青、品（红）、黄、黑，也就是我们常说的CMYK四种颜色的印版叠加组合而成。如图6.24至图6.28所示就是一张图片的四色稿与CMYK四色的分色稿。

书籍装帧

图6.24　四色版

图6.25　C版

图6.26　M版

图6.27　Y版

图6.28　K版

第六章　书籍装帧的承印物与印刷工艺

对于有一些特殊需要的印刷，也可以在四色上添加金色、银色、荧光色等专色印版进行叠加印刷。如图6.29所示，书籍的书名上就是加了荧光蓝的专色。

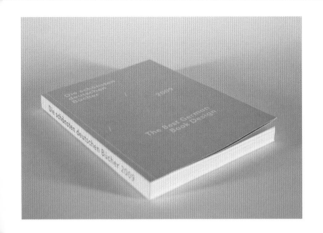

图6.29　专色印版

6.2.4　陷印

陷印是指一个色块与另一色块衔接处要有一定的相交叠加区域，以避免印刷时产生露白现象，也称补露白（图6.30）。露白现象是由于纸张的伸缩、印版的变形和套印的偏差等原因产生，这种露白现象会严重影响印刷品的质量，甚至导致产品报废。

陷印只限于校正CMYK图像中纯色间的错位现象，对照片图像通常不创建补露白。对色块过渡补露白也没有必要，它会在CMYK印版中产生键状线。这些问题在复合通道中不可见，但在输出胶片时就会显露出来。可见补露白不会使图像更加精美，也不能用于解决印刷套准的机械问题，它只能适当地掩盖套印不准带来的瑕疵。补露白的主要方法是将色块区域稍微扩大，使不同的色块区域间有些许重叠，这个重叠部分应该非常窄，以在印刷品上不易察觉它的存在为宜。目前应用软件中的陷印功能和专业的陷印软件都属于"暗箱"操作，效果无法在屏幕和数码打样机上反映出来，只有在分色打样机上或激光照排机上输出的分色胶片上才能反映出来。

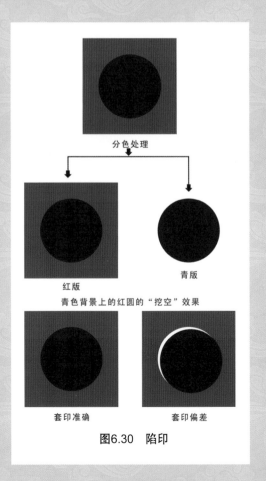

图6.30　陷印

6.2.5 叠印

叠印是一种颜色叠印在另一种颜色上。利用两次套晒，可以把两个或者两个以上的图像套晒在同一个版面上，形成一个组合的印文。特别注意黑色文字在彩色图像上的叠印，不要将黑色文字底下的图案镂空，不然印刷印不准时黑色文字会露白边（图6.31）。

叠印准确　　　　　　　　　　　　叠印偏差

图6.31

6.2.6 套印

套印是指多色印刷时要求各色版图文印刷时重叠套准，将原稿分色后制得到不同网线角度的单色印版，按照印刷色序依次重叠套合，最终印刷得到与原稿层次、色调相同的印品。

6.3 书籍装帧的印刷流程

6.3.1 书籍的印刷工艺

书籍最终要通过印刷成品之后才能与读者产生信息的互动与情感的交流。印刷术的发明与改良一直与书籍的发展紧密联系在一起。虽然，随着科学技术的快速发展，书籍的承印材料已经不仅仅局限在传统的纸张，但是目前为止，纸张作为书籍的承印材料还是起着主导性的作用。作为书籍装帧的设计者，除了对书籍视觉审美的设计能力把控之外，对于不同印刷工艺所产生的不同效果也应该了解与掌握，不同印刷工艺所带来的印刷效果各不相同。

1. 平版印刷

平版印刷是指在印刷印版上图文部分与非图文部分几乎处于同一个平面上。在印刷时，为了能使油墨区分是印版的图文部分还是非图文部分，首先由印版部件的供水装置向印版的非图文部分供水，从而保护了印版的非图文部分不受油墨的浸湿。然后，由印刷部件的供墨装置向印版供墨，由于印版的非图文部分受到水的保护，因此，油墨只能供到印版的图文部分。最后是将印版上的油墨转移到橡皮布上，再利用橡皮滚筒与压印滚筒之间的压力，将橡皮布上的油墨转移到承印物上，完成一次印刷（图6.32）。所以，平版印刷是一种间接的印刷方式。

四滚筒型双面单色胶印机结构图
1 给纸 2 印刷 3 收纸
P 印版滚筒 B 橡皮布滚筒 T 传纸滚筒

图6.32　平版印刷示意图

平版印刷是目前使用非常广泛的一种印刷方式，一般采用我们所熟知的CMYK四色印刷方式进行印刷（图6.33）。它适合大批量的出版物印刷，同时制版工艺简单，成本较低，印刷稳定性强，不会由于数量的变化而影响印刷的质量。不足之处在于因印刷时水胶的影响，色调再现力减弱，鲜艳度缺乏，同时对纸张的开本与种类有一定的约束性，不能进行一些特殊印刷工艺。

图6.33　四色平版印刷

书籍装帧

2. 凹版印刷

凹版印刷是指将需要印刷的文字与图像部分从表面上雕刻凹下的制版技术。一般说来，采用铜或锌板作为雕刻的表面，凹下的部分可利用腐蚀、雕刻、铜版画制成凹印版。然后在凹印版表面覆上油墨，用塔勒坦布或报纸从表面擦去油墨，只留下凹下的部分。将湿的纸张覆在印版上部，印版和纸张通过印刷机加压，将油墨从印版凹下的部分传送到纸张上（图6.34）。

这种印刷的方式属于直接印刷，凹版印刷的线条精美，不易仿冒与伪造，但是印刷成本较高。一般用于纸币、邮票、股票等有价证券的印刷，在一些高档的书籍、挂历中也常使用（图6.35）。

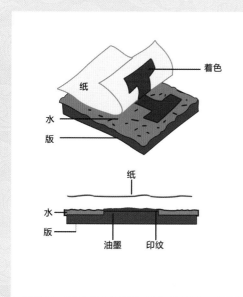

图6.34　凹版印刷示意图 　　　　　　　　　　图6.35　凹版印刷品

3. 凸版印刷

凸版印刷原理与凹版印刷正好相反。它是一项历史悠久的传统印刷工艺。古时由于印版材质的不同称谓"木版"、"铜版"、"铅版"印刷。它的原理与印章和木刻版画类似，印刷机的给墨装置先使油墨分配均匀，然后通过墨辊将油墨转移到印版上，由于凸版上的图文部分远高于印版上的非图文部分，因此，墨辊上的油墨只能转移到印版的图文部分，而非图文部分则没有油墨（图6.36）。

印刷机的给纸机构将纸输送到印刷机的印刷部件，在印版装置和压印装置的共同作用下，印版图文部分的油墨则转移到承印物上，从而完成一件印刷品的印刷（图6.37）。这种印刷品的纸背有轻微印痕凸起，线条或网点边缘部分整齐，并且印墨在中心部分显得浅淡，凸起的印纹边缘受压较重，因而有轻微的印痕凸起。由于凸版印刷的这种与众不同的随机性印痕给很多设计师加以运用成为一种非常流行的设计风格（图6.38）。

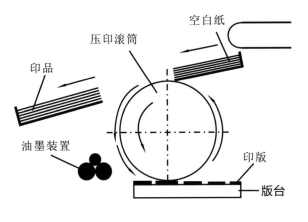

图6.36 凸版印刷示意图（1）　　　　　　　　　图6.37 凸版印刷示意图（2）

图6.38 凸版印刷品

4. 孔版印刷

　　孔版印刷又叫丝网印刷，即采用丝网做版材的一种印刷方式。具体的方法是在印版上制作出图文和版膜两部分，版膜的作用是阻止油墨的通过，而图文部分则是通过外力的刮压将油墨漏印到承印物上，从而形成印刷图形（图6.39）。其原理为：在平面的板材上挖割孔穴，然后施墨，使墨料透过孔隙漏印到承印物上。丝网印刷的特点在于对于油墨的选择较为广泛，同时丝网印刷的机器尺寸可大可小，印刷色彩较为灵活，同时除了在纸张上印刷外还可以在塑料、棉麻、陶瓷、玻璃、木料以及金属材料上进行印刷，成本较低、印数也较为灵活。不足之处在于丝网印刷油墨厚重，对于精细微小部分的印刷容易出现炸墨的现象，同时印制速度慢，生产力低，不适合大批量印刷（图6.40）。

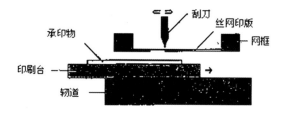
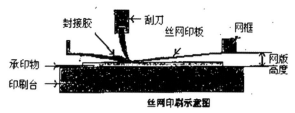

丝网印刷示意图

图6.39 孔版印刷示意图

图6.40 孔版印刷

5. 数字印刷

数字印刷是对以上传统印刷技术的一种重大突破。数字印刷是指利用印前系统将图文信息直接通过网络传输到数字印刷机上印刷一种新型印刷技术。数字印刷系统主要是由印前系统和数字印刷机组成。有些系统还配上装订和裁切设备。其工作原理是操作者将原稿（图文数字信息）或数字媒体的数字信息或从网络系统上接收的网络数字文件输出到计算机。在计算机上进行创意、修改、编排成为客户满意的数字化信号，经RIP处理（光栅图像处理器），成为相应的单色像素数字信号传至激光控制器，发射出相应的激光束，对印刷滚筒进行扫描。由感光材料制成的印刷滚筒经感光后形成可以吸附油墨或墨粉的图文然后转印到纸张等承印物上（图6.41）。

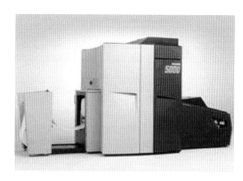

图6.41 数字印刷机

数字印刷的工艺打破了传统印刷工艺中制版、晒版、打样、拼版等复杂流程，数字印刷只需要原稿电脑制作和印刷两个工序。操作简便，真正地实现了设计印刷一体化，更加高效。对于印刷中所出现的油墨色差等问题也更好地加以解决，提高了印刷成品的质量，使得设计稿与印刷成品的零缝隙对接，一个人便可完成整个印刷过程（图6.42）。

图6.42　数字印刷品

6.3.2　印刷的准备调试

书籍的印刷过程是一项烦琐而精细的工作，在书籍真正准备上印刷设备进行印刷之前必须对印刷的每一个细节进行反复调试与监测。在确保每个环节均准确到位之后才能进行大批量印刷，在这些检查环节中，最为关键的调试主要有以下几项。

1. 承印物检查

承印物是印刷过程中最为直接的材料，绝大多数的书籍承印物为纸张。纸张的保存需要在恒温、恒湿的条件下，其目的是降低纸张伸缩性、提高纸张尺寸的稳定性。在印刷之前对于所印纸张抽样检查，检查是否因天气、存放等原因引起的卷曲、褶皱、变色等现象。如纸张质量有问题将直接导致本次印刷的成本尺寸不统一、套色不准等现象而引起报废，更严重的将影响印刷设备的故障（图6.43）。

图6.43　承印物检查

2. 油墨的检查与调试

根据不同的印刷机型对应不同油墨的色相、黏度、黏着性、干燥性印刷适应性调配。这将有利于印刷过程中印刷成品的色彩差异度，以及防止印刷时粘墨的现象出现，避免过多的试印数量，节约了印刷成本（图6.44）。

图6.44　印刷油墨

3. 印版的检查

在印刷前对印版的网点、切口线及咬口尺寸进行仔细检查，确保印版上图像的准确性以及清洁度。

4. 润版液的检查

润版液具有防止油墨乳化的功能以确保快速实现水、墨平衡。检查润版液是为了使承印物在印刷过程中达到油墨与水之间理想的平衡比例。同时润版液还应具有驱散和去除油墨及印刷材料的脱粉、掉毛、纸屑、水胶、棉绒与其他杂物的功能，以防止这些杂物在印版面上和橡皮布上聚集而导致擦伤印版，使印版过早损坏。

5. 橡皮布的检查

橡皮布是提供印刷时油墨转印所用，具有有效的抗压性能、回复力快、黏性强、不留任何粘贴物的特点，使油墨传送更稳定。在印刷过程中，橡皮布扮演一个重要的角色，少了橡皮布，印刷就无法完成。在印刷前要保持橡皮布的清洁与平整度，如果表面不平整将影响印刷时的压力，从而对印品质量产生影响。

6.4　书籍装帧的印后工艺

一本书籍从印刷机下线之后并不能成为我们市场上所能见到的模样，当油墨转移到承印物上之后便离开了印刷机进入印刷的后期加工工艺中。在通过上光油、模切、凹凸、烫印、装订、裁切等一系列工艺之后，一本完整的书籍才算是最终完成。这个环节也是书籍成册的展现最终效果的重要环节，设计师要对这些工艺手法的应用以及最终的效果有一定的认识，才能制作出效果更加优秀的书籍装帧设计作品。下面我们就对这些印后工艺效果与原理进行逐一说明。

6.4.1 烫印

烫印（或称电化铝烫印）也称烫金或烫银，是一种不用油墨的特种印刷工艺。其工艺是借助一定的压力和温度，运用安装在烫印机上的模板，使印刷品和烫印箔在短时间内互相受压，将金属箔或烫印箔按印模版的图文转移到被烫印刷品的表面，触摸时有轻微的凹面，因此烫印又称"烫金"、"烫印"（图6.45）。

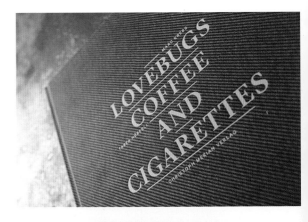

图6.45 烫印

6.4.2 覆UV

UV是一种通过紫外光干燥、固化油墨的一种印刷工艺，需要含有光敏剂的油墨与UV固化灯相配合。在所设定的特有的图案上面过上一层光油（有亮光、哑光、镶嵌晶体、金葱粉等），通过UV工艺使得工艺部分增加产品亮度与艺术效果，保护产品表面，其硬度高，耐腐蚀摩擦，不易出现划痕。主要用于书籍的封面、封底部分（图6.46）。

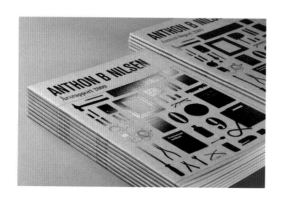

图6.46　覆UV

6.4.3　上光油

  上光油是指涂覆在印刷品表面，起到增加光泽度、耐磨性、防水性的一种加工工艺。上光油后的印刷品表面显得更加光滑，油墨层也更加光亮。同时上光油工艺可以提高印刷品表面的光泽度和色彩纯度，提升整个印刷品的视觉效果。上光油包括水性上光油、油性上光油、UV上光油、醇溶性上光油等品种（图6.47）。

图6.47　上光油

6.4.4　凹凸印

  凹凸印是指在书籍设计中，通常在封面或者护封上利用事先设计好的图形制作成凹凸两块印版，印版不需着墨，在纸上或者印刷品上进行压印，使得纸张表面呈现三维凸起或者凹陷的浮雕效果，增强了书籍的设计视觉感染力（图6.48）。根据凹凸印的工作原理，在对于纸张的选择上一般需要选择较为厚实的纸上以保证浮雕的效果以及耐磨性。

图6.48　凹凸印

6.4.5　模切

　　模切是指根据设计师的设计需要把书籍中的封面、环衬、扉页等部分按照事先设计好的图形进行制作，形成模切刀版进行裁切，从而使书籍呈现出丰富的结构层次与趣味性，使设计师摆脱直边直角的设计局限。通过镂空的模切方式，使读者能够透过镂空看见内页的信息，使人们既能获得信息，又能感受到设计的趣味性（图6.49）。

图6.49 模切

6.4.6 裁切

裁切是指书籍通过印刷装订之后往往在书籍的切口处显得参差不齐，为了使书籍更加美观整齐，利用裁切机对切口边缘进行裁切（图6.50）。

图6.50　裁切

6.4.7 切口装饰

切口装饰是一种特殊部位的书籍印制工艺，即是占用了书籍切口的厚度进行印刷，但这种印刷工艺不但能够保护书籍的页边，更能增加书籍的装饰效果，增加了书籍的趣味性（图6.51）。

图6.51　切口装饰

6.4.8 打孔线

打孔线即是利用机器在纸上冲压出来的一排小孔，从而在纸上形成一条可以轻易有规律的手撕的线，这种印刷工艺一般在画册、邮集中出现（图6.52）。

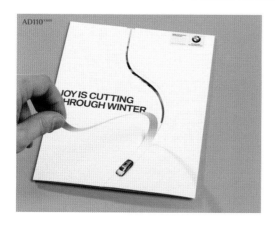

图6.52　打孔线

6.4.9 压痕

压痕工艺是运用在书籍印刷完成后对于书籍封面的折痕处，以及前后勒口折痕部分进行机器的压折。这种工艺可以很好地对书籍的封面，以及勒口的转折部分起到保护与美化的作用（图6.53）。

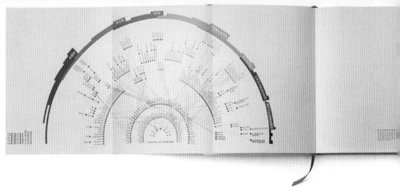

图6.53　压痕

实训八　书籍封面的印刷打样稿制作

实训任务

（1）要求为所设计的四色稿进行CMYK分色，同时合理标注咬口、中线、分色符号。

（2）标明书籍封面中的各个印后工艺以及承印物材料。

（3）项目完成时间：4课时。

实训设计：濮冰燕

指导：郭恩文

作品见下图

书籍装帧

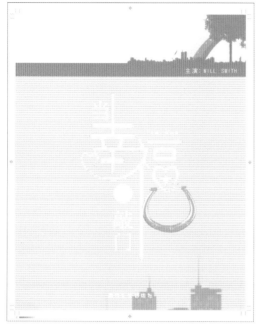

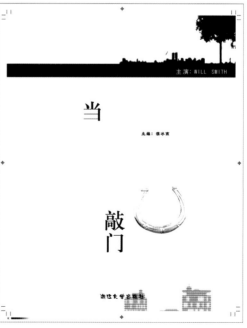

第七章 概念书籍的创新设计

学习目标

通过本章的学习及对概念书籍的图片的欣赏，让学生了解书籍装帧设计的另一种特殊的形式——概念书籍。同时通过对概念书籍的创新形式的学习能够从书籍的内容属性出发、从书籍的外观造型、书籍的制作材料以及书籍的结构形态等方面进行创新设计。

学习任务

通过对概念书籍的观念理解，充分发挥装帧设计中的创造性与突破性，为目标书籍行进大胆前卫的创新设计。要求所设计的概念书籍在形态上、造型上以及材料、版面都具有独特新颖的视觉魅力。

任务分析

本章的任务难点在于如何既要打破书籍装帧各个环节上的传统思路大胆革新、又要保持书籍阅读浏览的基本功能不受到破坏，创新性与实用性并存。在设计中需不断思考材料选择与印刷工艺之间的制作可行性、避免出现天马行空、不切实际的设计作品。

7.1　概念书籍的设计

　　概念书籍的设计是书籍装帧形态中的一种特殊的表现形式，它是对书籍传统结构形态的超前性探索，是一种强调创意性、突破性的书籍视觉艺术形态。设计者在尊重书籍内容本身的思想内涵的基础上，从人们对书籍艺术的审美和对书籍的阅读习惯，以及接受程度等角度寻求设计创新（图7.1）。

图7.1　概念书籍的设计

　　概念书籍与常规书籍在设计过程中考虑更多的是书籍的创新性。对于市场流通中书籍装帧设计，起到约束影响的书籍定价、书籍印刷成本、书籍开本大小、书籍的出版流通的便利性，以及销售出版商的经营运作等制约因素均可处于次要的地位，在概念书籍的设计时可以弱化考虑。这是因为概念书籍具有脱离市场运作的特殊性，目前在国内乃至国际书籍出版流通中尚不多见，流通数量极少，大多还处于起步的阶段，我们看见此类概念书籍往往只能在一些书籍展上。

概念书籍的设计，对于每一位书籍装帧设计师来说都是一项承载着探索装帧形态、发展书籍变革的重要历史使命。首先要求设计师在专业上必须具备熟练的专业技巧、超前的设计理念、良好的洞察能力，以及更高更新的设计视角。同时还需要了解社会的审美趋势、书籍作者的写作思想，以及各类材料、印刷工艺的熟练掌握与运用，在出版商接受范围内的同时还必须保持书籍的基本阅读功能，这样一本概念书籍的问世才更加具有实用意义。概念书籍的未来不会仅仅是成为展览场上的摆设，最终还是需要量产化的出版，赢得更大的市场与读者。

7.2　概念书籍的创新形式

7.2.1　形态的奇特与夸张

概念书籍大胆的创意、新奇的构思往往给人留下了非常深刻的印象，有些书籍的形态结构让人甚至匪夷所思，超出想象。有些概念书籍在外观设计上打破了传统书籍的矩形的形态，心形、圆形、三角形等各种独具匠心的异性层出不穷。有些概念书籍打破线装、胶装等传统的装订形态，使用了各种新颖多变、材料迥异的装帧方式，使书籍更加具有了趣味性（图7.2）。

图7.2　国外概念书籍

图7.2　国外概念书籍（续）

7.2.2　耳目一新的阅读展现方式

概念书籍最大的特点就是推陈出新，别具一格。除了在书籍形态上做了大量的变革之外，设计师还大胆地打破常规的阅读翻阅方式，利用书籍自身的旋转、趣味的滚动、推拉抽屉、折叠卷曲、立体空间等灵活方式企图变革人们阅读书籍的方式。耳目一新的阅读展现方式将极大地激发读者阅读的积极性，同时在阅读中也更加具有趣味性（图7.3）。

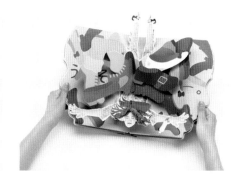

图7.3　耳目一新的阅读方式

7.2.3 千奇百怪的书籍材料

　　当今社会中，99%以上的书籍都是使用传统的纸张作为书籍的承载物来传递信息。在概念书籍的世界中，纸张并非是传递信息的唯一载体。设计师打破常规，利用对新材料、新技术的了解与探索，对书籍的材料进行了大胆的创新探索。皮革、木料、PVC铝塑板、各类纺织物、植物纤维、纸浆甚至铁板、钢板等金属材料都成为了概念书籍设计中的材料。不同材料的运用使得书籍呈现出材料所独有的气质，使得书籍更加具有层次感和视觉变化（图7.4）。

图7.4　千奇百怪的书籍材料

实训九　概念书籍创新设计与制作

实训任务

（1）要求结合书籍的主题内容，本着超前性的探索为原则进行概念书籍的创作设计。

（2）书籍形态不限、结构不限、材料不限、开本不限，设计书籍最终以实物的形式提交。

（3）从创新与实用相结合的角度出发，对概念书籍的整体视觉进行整体设计，设计作品需要有完整的封面、封底及内页版式。

（4）项目完成时间：14课时。

实训设计：徐乐娇

指导：郭恩文

作品见下图

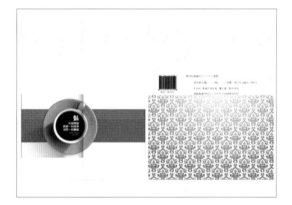

实训设计：童云龙

指导：黄汶俊

作品见下图

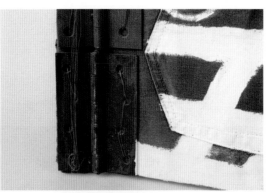